ENIG'MATH'IQUE

Le livre qui va vous rendre insomniaque !

Pascal IMBERT

Droits d'auteur © 2015 Pascal Imbert

Tous droits réservés
ISBN : 978-1517219918

Table des matières

Introduction

En ouvrant ce livre, préparez-vous à ne plus être capable de le refermer et à ne plus fermer l'œil de la nuit …!

Pas moins de 75 énigmes au charme rétro vous attendent et donneront du fil à retordre même aux esprits les plus aguerris.

Les amateurs d'énigmes mathématiques pourront se mesurer à des problèmes d'âge, des carrés magiques, des dominos, des échiquiers, des énigmes géométriques, des problèmes de vitesse, de traversée de rivière … tous plus ardus les uns que les autres.

Chaque problème est posé de façon claire, accompagné si nécessaire d'illustrations, et fait l'objet d'un corrigé très détaillé permettant non seulement à chaque lecteur, quel que soit son niveau actuel, de résoudre le problème mais aussi d'assimiler toutes les notions mathématiques utilisées lors de la résolution.

Une façon très ludique de joindre l'utile à l'agréable et de progresser en mathématiques sans s'en rendre compte !

Au bureau de poste

Un homme entre dans un bureau de poste et dépose 60 EUR au guichet en demandant à l'employée : «Pouvez-vous, s'il vous plaît, me donner quelques timbres de 2 EUR, six fois plus de timbres de 1 EUR, et compléter le reste de l'argent en timbres de 2,5 EUR.» Pendant un moment, la jeune femme sembla perplexe, puis après quelques instants de réflexion, elle remit en souriant le nombre exact de timbres respectant la commande.

Combien de timbres de chaque type a-t-elle remis au client ?

SOLUTION

Quel que soit le nombre de timbres de 1 EUR et de 2 EUR, ces deux types de timbres correspondent à une somme d'argent entière. Par conséquent, pour atteindre la somme totale de 60 EUR, il doit forcément y avoir un nombre pair de timbres de 2,5 EUR. En effet, s'il y avait un nombre impair de timbres de 2,5 EUR, cela représenterait une somme d'argent avec une virgule.

Si on appelle x, le nombre de timbres de 2 EUR, alors le nombre de timbres de 1 EUR est 6x (car il y a six fois plus de timbres de 1 EUR que de timbres de 2 EUR). La somme d'argent représentée par les timbres de 2 EUR et les timbres de 1 EUR et 2x + 6x (x timbres de 2 EUR + 6x timbres de 1 EUR) soit 8x.

Complétons le tableau ci-dessous :

La colonne A indique le nombre de timbres de 2,5 EUR. Ce nombre doit être pair comme vu ci-dessus,
La colonne B indique le prix du nombre de timbres de 2,5 EUR indiqué en colonne A,
La colonne C indique le prix des timbres de 1 EUR et 2 EUR c'est-à-dire 60 EUR moins le prix indiqué en colonne B,
La colonne D indique le nombre de timbres de 2 EUR en divisant le prix indiqué en colonne C par 8.

A	B	C	D
Nombre de timbres de 2,5 EUR (= y)	Coût des timbres de 2,5 EUR (= 2,5y)	Coût des timbres de 1 EUR et 2 EUR (= 8x)	Nombre de timbres de 2 EUR (= valeur de x)

2	5	55	6,875 (impossible)
4	10	50	6,25 (impossible)
6	15	45	5,625 (impossible)
8	20	40	5 (possible)
10	25	35	4,375 (impossible)
12	30	30	3,75 (impossible)
14	35	25	3,125 (impossible)
16	40	20	2,5 (impossible)
18	45	15	1,875 (impossible)
20	50	10	1,25 (impossible)
22	55	5	0,625 (impossible)

Le nombre de timbres doit être un nombre entier. D'après le tableau ci-dessus, la seule possibilité est d'avoir 5 timbres de 2 EUR, ce qui implique d'avoir 8 timbres de 2,5 EUR et 30 timbres de 1 EUR.

On a bien 5 x 2 + 30 x 1 + 8 x 2,5 = 60 EUR !

L'âge de Maman

Tom: « Quel âge as-tu, maman? »

Maman: « Eh bien, la somme de nos trois âges à toi, papa et moi fait 70 ans »

Tom: « C'est beaucoup, quel est ton âge papa? »

Papa: « Je suis seulement six fois plus vieux que toi, mon fils. »

Tom: « Serai-je un jour moitié moins vieux que toi, papa ? »

Papa: « Oui, Tom, et quand cela arrivera la somme de nos trois âges sera le double de celle d'aujourd'hui. »

A partir des informations données par les parents, pouvez-vous trouver l'âge exact de la maman ?

SOLUTION

Pour résoudre ce problème nous allons raisonner dans un premier temps avec des âges exprimés en mois plutôt qu'en années.

Appelons P l'âge du père, M l'âge de la mère et E l'âge de l'enfant.

De l'information : « la somme de nos trois âges à toi, papa et moi fait 70 ans » on tire :
Equation 1 : P + M + E = 840 (car 70 ans sont équivalents à 840 mois),

De l'information : « Je suis seulement six fois plus vieux que toi, mon fils » on tire :
Equation 2 : P = 6E

A partir de l'information : « Serai-je un jour moitié moins vieux que toi, papa? », on appelle X le nombre de mois au bout duquel cette information sera vraie et on en déduit :
Equation 3 : P + X = 2(E + X)

De l'information : « Quand cela arrivera la somme de nos trois âges sera le double de celle d'aujourd'hui » on déduit :
Equation 4 : P + X + M + X + E + X = 1680 (car 2 * 70 = 140 et 140 ans correspondent à 1680 mois)
Soit, **Equation 4 : P + M + E + 3X = 1680**

En utilisant l'équation 1 dans l'équation 4, on peut écrire :
840 + 3X = 1680 ou encore 3X = 840 ou encore X = 280

En utilisant ce résultat, on peut réécrire l'équation 3 de la façon suivante :
P + 280 = 2(E + 280) ou encore P = 2E + 280

En combinant cette nouvelle équation 3 avec l'équation 2 on déduit :
P = 6E et P = 2E + 280 soit 6E = 2E + 280 ou 4E = 280 ou E = 70

En utilisant ce résultat dans l'équation 2, on déduit :
P = 6 * 70 = 420

En sachant maintenant que E = 70 et P = 420, on peut écrire l'équation 1 :
420 + M + 70 = 840 ou M + 490 = 840 ou M = 350

On en déduit que l'enfant a 70 mois soit 5 ans et 10 mois,
Le père a 420 mois soit 35 ans,

La mère a 350 mois soit 29 ans et 2 mois.

Le tonneau de bière.

Un homme a acheté plusieurs tonneaux contenant du vin et un tonneau contenant de la bière. Les tonneaux et leurs contenances respectives sont représentés sur l'illustration. Il a vendu l'intégralité du vin : 1/3 à un homme et 2/3 à un autre. Il garda pour lui le tonneau de bière. L'énigme consiste à trouver le tonneau contenant la bière. Notez que l'homme a vendu les tonneaux sans en modifier la contenance.

SOLUTION

L'homme a vendu son vin à deux personnes : 1/3 à l'une et 2/3 à l'autre. Cela signifie que la quantité de vin disponible était divisible par 3. Dans « Allergic'o Maths, volume 1 », nous avons étudié les critères de divisibilité.

Additionnons le volume de liquide contenu dans l'ensemble des tonneaux : $15 + 31 + 19 + 20 + 16 + 18 = 119$.

Supposons que le tonneau de bière contienne :

15 gals, alors le vin représente $119 - 15 = 104$ gals. Or 104 n'est pas divisible par 3 ;
31 gals, alors le vin représente $119 - 31 = 88$ gals. Or 88 n'est pas divisible par 3 ;
19 gals, alors le vin représente $119 - 19 = 100$ gals. Or 100 n'est pas divisible par 3 ;
18 gals, alors le vin représente $119 - 18 = 101$ gals. Or 101 n'est pas divisible par 3 ;
16 gals, alors le vin représente $119 - 16 = 103$ gals. Or 103 n'est pas divisible par 3 ;
20 gals, alors le vin représente $119 - 20 = 99$ gals. Et 99 est bien divisible par 3.

Cela signifie que le tonneau de bière est celui contenant 20 gallons et que 33 gallons de vin ont été vendus à un homme (les tonneaux de 15 et 18 gallons) et 66 gallons de vin ont été vendus à l'autre homme (les tonneaux de 16, 19 et 31 gallons).

Le prix d'une banane

Un garçon dégustant une banane est interpellé par un camarade, qui, le regardant avec des yeux envieux, lui demande: «Combien as-tu payé cette banane ?» La réponse, tout à fait originale, fusa : «L'homme à qui je l'ai achetée reçoit moitié moins de pièces de 1 EUR en vendant 192 douzaines de bananes qu'il ne donne de bananes contre un billet de 200 EUR. »

Combien de temps vous faudra-t-il pour déterminer le prix de ce fruit rafraîchissant ?

SOLUTION

Cet exercice peut être aisément résolu grâce aux astuces évoquées dans le livre « Allergic'o Maths, tome 2 » traitant de la mise en équation et de la proportionnalité.

Appelons x le nombre de pièces de 1 EUR reçues en vendant 192 douzaines de bananes soit $192 * 12 = 2304$ bananes.

L'énoncé nous indique que ce nombre x correspond à la moitié du nombre de bananes que l'on peut obtenir contre un billet de 200 EUR. On peut donc écrire que, contre un billet de 200 EUR, on obtient 2x bananes.

On peut à présent dresser un tableau de proportionnalité :

Nombre de bananes	2304	2x
Prix (EUR)	x	200

Grâce au produit en croix (cf. notions de proportionnalité), on peut écrire : $x * 2x = 2304 * 200$
Soit $2x^2 = 460800$
Ou encore $x^2 = 230400$
Donc $x = 480$

On en déduit qu'en vendant 2304 bananes, le vendeur reçoit 480 pièces de 1 EUR et que, contre un billet de 200 EUR, le vendeur donne 960 bananes.

Ainsi le prix d'une banane est de $480 / 2304 = 0{,}21$ EUR (arrondi).

Les trente-trois perles.

Une femme possède un collier composé de trente-trois perles. La perle du milieu est la plus grande et la plus belle de toutes, et les autres sont placées de telle façon que plus on se rapproche de la perle du milieu et plus les perles prennent de la valeur. Ainsi à partir de l'une des extrémités, chaque perle successive vaut 100 euros de plus que la précédente, jusqu'à la grosse perle. De l'autre côté les perles augmentent en valeur de 150 euros jusqu'à la grosse perle. L'ensemble du collier vaut 65 000 euros.

Quelle est la valeur de cette grosse perle? "

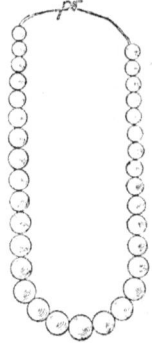

SOLUTION

Appelons D le prix de la perle située à l'extrémité droite du collier,
Appelons G le prix de la perle située à l'extrémité gauche du collier,
Appelons C le prix de la perle située au centre du collier,

On considère que sur la rangée de droite la valeur des perles augmente de 100 EUR à mesure que l'on se rapproche de la perle du centre et que sur la rangée de gauche la valeur des perles augmente de 150 EUR à mesure que l'on se rapproche de la perle du centre.

Rang de la perle	Prix de perles de la rangée de droite	Prix des perles de la rangée de gauche
1	D	G
2	D+100	G+150
3	D+200	G+300
4	D+300	G+450
5	D+400	G+600
6	D+500	G+750
7	D+600	G+900
8	D+700	G+1050
9	D+800	G+1200
10	D+900	G+1350
11	D+1000	G+1500
12	D+1100	G+1650
13	D+1200	G+1800
14	D+1300	G+1950

15	D+1400	G+2100
16	D+1500	G+2250
17 (perle du centre)	D+1600 = C	G+2400 = C

La 17ème perle est la perle centrale, on en déduit que :

C = D + 1600 ou encore D = C – 1600
C = G + 2400 ou encore G = C – 2400

En additionnant les prix des 16 perles de la rangée de droite on trouve 16D + 12000
En additionnant les prix des 16 perles de la rangée de gauche on trouve 16G + 18000

Le prix total du collier est donc C + (16D + 12000) + (16G + 18000) = 65000

Dans cette équation on remplace D par C – 1600 et G par C – 2400 ce qui donne :

C + 16C – 25600 + 12000 + 16C – 38400 + 18000 = 65000

33C = 99000

C = 99000 / 33 = 3000

On en déduit que D = 3000 – 1600 = 1400 et que G = 3000 – 2400 = 600

Ainsi aux extrémités du collier, l'une des perles vaut 600 EUR et l'autre vaut 1400 EUR tandis que la perle située au centre du collier vaut 3000 EUR.

Un huit gênant.

Un «carré magique» est un ensemble de nombres présentés sous la forme d'un carré de sorte que la somme des nombres de chaque ligne, de chaque colonne et de chacune des deux longues diagonales donne le même résultat. Le défi consiste ici à construire le carré magique, dans lequel le nombre 8 a été positionné, en utilisant une seule fois chaque nombre et de telle façon que la somme des nombres de chaque ligne, de chaque colonne et de chaque diagonale soit égale à 15.

SOLUTION

L'astuce pour remplir ce carré magique consiste à remarquer qu'il est permis d'utiliser des nombres décimaux : l'énoncé parle bien de nombres et pas de nombres entiers ... La solution est par conséquent la suivante :

4,5	8	2,5
3	5	7
7,5	2	5,5

Le tonneau de liqueur.

Lors d'un concours, deux amis remportèrent un petit tonneau contenant exactement 14 litres de liqueur. Un des hommes possédait une cruche de cinq litres et l'autre une cruche de six litres. Le problème consiste à partager la liqueur équitablement entre eux sans gaspillage. Bien sûr, ils ne disposent d'aucun autre dispositif de mesure.

Comment faire ce partage avec le moins de manipulations possibles ?

SOLUTION

Le problème consiste à partager 14 L de liqueur entre deux individus de telle façon que chacun en reçoive 7 L.
Pour ce faire, il suffit :

- De remplir la cruche de 6 L puis de la vider dans le récipient final,
- De remplir à nouveau la cruche de 6 L puis de la vider dans la cruche de 5 L, il reste alors 1 L dans la grande cruche,
- De verser le contenu de la grande cruche (1 L) dans le récipient final,
- De reverser le contenu de la petite cruche (5 L) dans le tonneau.

Ainsi le tonneau contient 7 L de liqueur et le récipient final tout autant.

Au marché de bétail

Trois fermiers se retrouvent sur un marché aux bestiaux. Mathieu s'adressa à Luc : «Je vous propose six cochons en échange d'un cheval, ainsi vous aurez deux fois plus d'animaux que moi. » «Si vous faites des affaires de la sorte», enchérit Jean à Mathieu, «Je vous propose quatorze brebis contre un cheval, ainsi vous aurez trois fois plus d'animaux que moi. » « Eh bien, je vais faire mieux », a déclaré Luc à Jean; «Je vous offre quatre vaches contre un cheval, ainsi vous aurez six fois plus d'animaux que moi ».

C'est une façon étrange d'échanger des animaux, néanmoins c'est un casse-tête intéressant que de découvrir combien d'animaux Mathieu, Luc et Jean ont chacun amené au marché aux bestiaux.

SOLUTION

Appelons M le nombre d'animaux de Mathieu,
Appelons L le nombre d'animaux de Luc,
Appelons J le nombre d'animaux de Jean.

Mathieu s'adressa à Luc : «Je vous propose six cochons en échange d'un cheval, ainsi vous aurez deux fois plus d'animaux que moi. »

De cette phrase, on peut déduire que le nombre d'animaux de Mathieu après échange sera de M (nombre d'animaux au départ) − 6 (cochons donnés) + 1 (cheval reçu) soit M − 5,
De même le nombre d'animaux de Luc après échange sera de L (nombre d'animaux au départ) + 6 (cochons reçus) − 1 (cheval donné) soit L + 5
Après l'échange, Luc aura deux fois plus d'animaux que Mathieu donc $L + 5 = 2 * (M − 5)$.

Jean dit à Mathieu, «Je vous propose quatorze brebis contre un cheval, ainsi vous aurez trois fois plus d'animaux que moi. »

De cette phrase, on peut déduire que le nombre d'animaux de Jean après échange sera de J (nombre d'animaux au départ) − 14 (brebis données) + 1 (cheval reçu) soit J − 13,
De même le nombre d'animaux de Mathieu après échange sera de M (nombre d'animaux au départ) + 14 (brebis reçues) − 1 (cheval donné) soit M + 13
Après l'échange, Mathieu aura trois fois plus d'animaux que Jean donc $M + 13 = 3 * (J − 13)$.

Luc dit à Jean; «Je vous offre quatre vaches contre un cheval, ainsi vous aurez six fois plus d'animaux que moi ».

De cette phrase, on peut déduire que le nombre d'animaux de Luc après échange sera de L (nombre d'animaux au départ) – 4 (vaches données) + 1 (cheval reçu) soit L – 3,
De même le nombre d'animaux de Jean après échange sera de J (nombre d'animaux au départ) + 4 (vaches reçues) – 1 (cheval donné) soit J + 3
Après l'échange, Jean aura six fois plus d'animaux que Luc donc $J + 3 = 6 * (L - 3)$.

Nous avons ainsi trois équations :
$L + 5 = 2 * (M - 5)$
$M + 13 = 3 * (J - 13)$
$J + 3 = 6 * (L - 3)$

On peut les écrire ainsi :
$L + 5 = 2M - 10$
$M + 13 = 3J - 39$
$J + 3 = 6L - 18$

Ou encore :
$L = 2M - 15$
$M = 3J - 52$
$J = 6L - 21$

En combinant ces différentes équations :
$J = 6L - 21$
$M = 3 * (6L - 21) - 52 = 18L - 63 - 52 = 18L - 115$
$L = 2 * (18L - 115) - 15 = 36L - 230 - 15$

Soit

$J = 6L - 21$
$M = 18L - 115$
$L = 36L - 245$

En résumé, on a
$35L = 245$
$J = 6L - 21$
$M = 18L - 115$

En résolvant la première équation et en remplaçant, dans les deux suivantes, L par la valeur trouvée on a :
$L = 7$
$J = 6 * 7 - 21 = 21$
$M = 18 * 7 - 115 = 11$

Ainsi on en déduit que Mathieu a amené 11 bêtes avec lui, Jean en a amené 21 et Luc seulement 7.

La traversée d'une rivière.

Lors d'une randonnée, un couple et ses deux enfants doivent traverser une rivière sur une petite embarcation capable de transporter 76 kg. Or l'homme et la femme pèsent chacun 76 kg, et chacun de leurs fils pèse 38 kg. De plus, ils ont un chien qui ne peut pas traverser la rivière à la nage.

Comment s'y prendre pour faire traverser la rivière à toute cette famille, sachant que lorsque le bateau a traversé la rivière, il faut que quelqu'un le ramène sur l'autre rive ?

SOLUTION

Voici l'ordre à suivre pour effectuer la traversée de toute la famille :

1. Les 2 enfants traversent et l'un ramène le bateau,
2. Le père traverse et l'enfant ramène le bateau,
3. Les 2 enfants traversent et l'un ramène le bateau,
4. La mère traverse et l'enfant ramène le bateau,
5. Les 2 enfants traversent et l'un ramène le bateau,
6. L'enfant et le chien traversent.

Les lions et les couronnes.

La jeune femme sur l'illustration est confrontée à une difficulté pour découper son tissu. Elle souhaite partager ce carré de tissu précieux en quatre pièces, ayant toutes la même taille et même la forme, de plus chaque pièce doit contenir un lion et une couronne. Les coupes doivent impérativement être effectuées le long des lignes du quadrillage. Pouvez-vous lui montrer comment procéder sachant qu'il n'y a qu'une seule méthode possible de couper l'étoffe ?

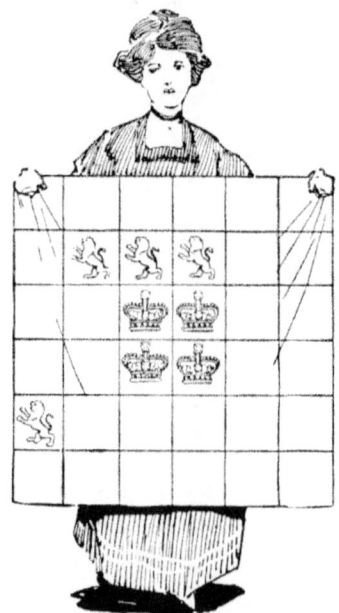

SOLUTION

Voici la solution :

Lorsque le tissu est découpé selon les lignes en trait gras, on obtient 4 pièces de même taille et de même forme contenant chacune une couronne et un lion. Deux pièces sont grisées sur l'illustration ci-dessus afin de rendre plus visible la découpe.

Le roi Arthur et ses chevaliers.

Au cours de trois soirées successives, le Roi Arthur était assis à la table ronde avec ses chevaliers Beleobus, Caradoc, Driam, Eric, Floll, et Galahad. Lors de chacun des repas, aucun des convives ne devait avoir le même voisin qu'au cours des repas précédents. Le premier soir, ils s'assirent autour de la table par ordre alphabétique. Par la suite, le Roi Arthur fit en sorte d'être le plus proche possible de Beleobus et le plus loin possible de Galahad.

Comment a-t-il fait asseoir les chevaliers de la sorte, en rappelant qu'aucun chevalier ne peut avoir deux fois le même voisin ?

SOLUTION

Au cours du second repas, le roi Arthur plaça les convives autour de la table de la façon suivante : A, F, B, D, G, E, C. Pour le troisième repas, ils s'assirent ainsi A, E, B, G, C, F, D. De cette façon A était toujours séparé de B par une seule personne (le plus près possible), et G était à trois places de lui durant les deux derniers repas (la position la plus éloignée possible).

Aucun autre placement n'aurait pu satisfaire autant la volonté du roi.

Des cartes en triangle.

Choisissez neuf cartes à jouer, par exemple de as à neuf de carreau, et organisez-les sous la forme d'un triangle, comme indiqué sur l'illustration, de telle façon que la somme des points soit identique sur les trois côtés. Dans l'exemple donné, cette somme égale 20. Le résultat de cette somme n'a pas d'importance, il doit seulement être identique sur les trois côtés. Pouvez-vous déterminer, pour une somme donnée, combien d'arrangements sont possibles ?

Ces précisions permettront d'éviter tout doute :

Une simple rotation de l'ensemble du triangle sans changer l'ordre des cartes ne sera pas valable.

De la même façon, en échangeant les cartes 4, 9, 5 avec les cartes 7, 3, 8 :

Si vous inversez en même temps les cartes 1 et 6, l'arrangement ne sera pas considéré comme différent de l'arrangement initial,

Si vous n'inversez pas les cartes 1 et 6, l'arrangement sera alors différent parce que la répartition des cartes dans le triangle n'est pas la même.

SOLUTION

Les deux arrangements de cartes qui suivent présentent la plus petite somme possible, 17; et la plus grande somme possible, 23.

Les deux cartes présentes au milieu de chaque côté des triangles peuvent être inversées tout en respectant les conditions. Il y a ainsi 8 façons différentes de modifier un arrangement fondamental donné.

Il y a 18 arrangements fondamentaux : 2 dont la somme fait 17, 4 dont la somme fait 19, 6 dont la somme fait 20, 4 dont la somme fait 21 et deux dont la somme fait 23.

Ces 18 arrangements fondamentaux multipliés par les 8 façons différentes de les modifier conduisent à 144 façons différentes de placer les cartes.

La boîte en carton.

Je possède une boîte en carton rectangulaire. Deux faces ont une aire de 120 cm^2, deux autres faces ont une aire de 96 cm^2 et les deux dernières faces ont une aire de 80 cm^2.

Quelles sont les dimensions exactes de la boîte ?

SOLUTION

Appelons :
X la longueur de la boîte,
Y la largeur de la boîte,
Z la hauteur de la boîte.

L'aire d'un rectangle est obtenue en multipliant sa longueur par sa largeur. La boîte étant rectangulaire, chaque face à la forme d'un rectangle.

Deux faces ont pour aire : $X * Y = XY = 120$ (équation 1)
Deux autres faces ont pour aire : $X * Z = XZ = 96$ (équation 2)
Les deux dernières faces ont pour aire : $Y * Z = YZ = 80$ (équation 3)

En divisant l'équation 1 par l'équation 2 on a :
$XY / XZ = 120 / 96$ ou encore $Y / Z = 1,25$ (équation 4)

En multipliant l'équation 4 par l'équation 3 on a :
$(Y / Z) * YZ = 1,25 * 80$ ou encore $Y^2 = 100$ d'où $Y = 10$

En remplaçant Y par sa valeur dans l'équation 1 on a : $X = 120 / 10 = 12$
En remplaçant Y par sa valeur dans l'équation 3 on a : $Z = 80 / 10 = 8$

On en déduit donc que la boîte rectangulaire mesure 12 cm sur 10 cm sur 8 cm.

Colloque professionnel

Plusieurs personnes sont sorties ensemble à une fête. Quatre professions y étaient représentées, 25 cordonniers, 20 tailleurs, 18 fourreurs et 12 gantiers. Leurs dépenses se sont élevées à 133 EUR. Il s'avère que cinq cordonniers ont dépensé autant que quatre tailleurs; que douze tailleurs ont dépensé autant que neuf fourreurs; et que six fourreurs ont dépensé autant que huit gantiers.

Saurez-vous déterminer combien chacune des quatre professions a dépensé ?

SOLUTION

Appelons C la somme dépensée par chaque cordonnier,
Appelons T la somme dépensée par chaque tailleur,
Appelons F la somme dépensée par chaque fourreur,
Appelons G la somme dépensée par chaque gantier,

Il y avait 25 cordonniers, 20 tailleurs, 18 fourreurs et 12 gantiers. Leurs dépenses se sont élevées à 133 EUR.
Donc $25C + 20T + 18F + 12G = 133$

« Cinq cordonniers ont dépensé autant que quatre tailleurs » signifie que $5C = 4T$.
« Douze tailleurs ont dépensé autant que neuf fourreurs » signifie que $12T = 9F$.
« Six fourreurs ont dépensé autant que huit gantiers » signifie que $6F = 8G$.

La 1ère équation peut s'écrire aussi : $5*5C + 20T + 18F + 12G = 133$,

Comme $5C = 4T$,
On peut écrire $5*4T + 20T + 18F + 12G = 20T + 20T + 18F + 12G = 40T + 18F + 12G = 133$,

Comme $6F = 8G$ alors $3F = 4G$,
Et on peut écrire $40T + 18F + 3*4G = 40T + 18F + 3*3F = 40T + 18F + 9F = 40T + 27F = 133$,

Comme $12T = 9F$ alors $36T = 27F$
En remplaçant $27F$ dans l'équation ci-dessus, on obtient $40T + 36T = 133$
Soit $76T = 133$.

Ainsi on déduit que $T = 133/76 = 1,75$

En remplaçant T par sa valeur dans 5C = 4T, on trouve C = 1,4

En remplaçant T par sa valeur dans 12T = 9F, on trouve F = 2,33

En remplaçant F par sa valeur dans 6F = 8G, on trouve G = 1,75

Ainsi les 25 chapeliers ont dépensé 25*1,4 = 35 EUR,
Les 20 tailleurs ont dépensé 20*1,75 = 35 EUR,
Les 18 fourreurs ont dépensé 18*2,33 = 42 EUR,
Les 12 gantiers ont dépensé 12*1,75 = 21 EUR.

Les neuf noisettes.

9 noisettes sont disposées sur cet échiquier de 25 cases.

Le casse-tête consiste à déterminer comment il est possible de retirer 8 noisettes de l'échiquier en laissant la dernière sur la case centrale. Une noisette peut être retirée du plateau lorsqu'une noisette située sur une case voisine lui passe par dessus pour atterrir sur une autre case voisine (comme à saute mouton). Le déplacement peut s'effectuer dans n'importe quelle direction. Le but étant de réaliser ce casse-tête en un minimum de coups.

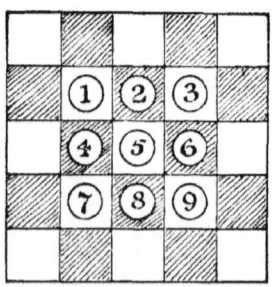

A titre d'illustration, voici un exemple des déplacements possibles. Avec 4 passer au dessus de 1, 5 au dessus de 9, 3 au dessus de 6, 5 au dessus de 3, 7 au dessus de 5 puis 2, 4 au dessus de 7, 8 au dessus de 4. Néanmoins

8 ne finit pas sur la case centrale comme demandé. N'oubliez pas de retirer les noisettes par dessus lesquelles vous sautez. Plusieurs sauts successifs avec la même noisette comptent pour un seul mouvement.

<u>SOLUTION</u>

Ce casse-tête peut être résolu en 4 coups : déplacer 5 au dessus de 8, 9, 3 et 1 ; puis 7 au dessus de 4 ; puis 6 au dessus de 2 et 7 ; puis 5 au dessus de 6. Toutes les noisettes sont alors retirées du plateau hormis la noisette 5 qui finit sur la case centrale.

Dissection d'une figure.

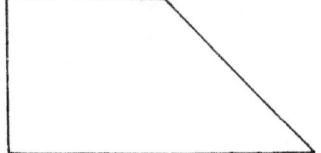

La figure précédente est composée d'un carré auquel est accolé un triangle correspondant à la moitié d'un carré similaire. L'énigme consiste à découper cette figure en quatre morceaux de taille et de forme identiques.

SOLUTION

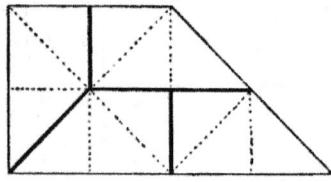

Il suffit de découper la figure en 12 triangles identiques. Les contours des 4 morceaux sont indiqués en traits gras.

Un legs de bienfaisance.

Un homme généreux laisse ses instructions à ses exécuteurs testamentaires. Il leur demande de distribuer, une fois par an, la somme de 660 EUR à des pauvres de sa paroisse. Néanmoins cette distribution ne pourra avoir lieu qu'aussi longtemps qu'elle pourra être effectuée de différentes manières, et en respectant la règle consistant à donner 18 EUR aux femmes et 30 EUR aux hommes.

Pendant combien d'années la charité pourra-t-elle être administrée ? Notez que, par « différentes manières », on entend un nombre non nul et différent d'hommes et de femmes à chaque fois.

SOLUTION

Complétons le tableau ci-dessous :

La colonne A indique le nombre d'hommes possible,
La colonne B indique la somme d'argent allouée aux hommes (30 EUR multiplié par le nombre d'hommes donné en colonne A),
La colonne C indique la somme restante pour les femmes (660 EUR moins la somme pour les hommes calculée en colonne B),
La colonne D indique le nombre de femmes en divisant la somme totale indiquée en colonne C par 18 EUR (somme attribuée à chaque femme).

A	B	C	D
Nombre d'hommes (H)	Somme pour les hommes (=30*H)	Somme restante pour les femmes (= 660 – 30H)	Nombre de femmes
1	30	630	35 (possible)
2	60	600	33,3 (impossible)
3	90	570	31,6 (impossible)
4	120	540	30 (possible)
5	150	510	28,3

			(impossible)
6	180	480	26,6 (impossible)
7	210	450	<u>25 (possible)</u>
8	240	420	23,3 (impossible)
9	270	390	21,6 (impossible)
10	300	360	<u>20 (possible)</u>
11	330	330	18,3 (impossible)
12	360	300	16,6 (impossible)
13	390	270	<u>15 (possible)</u>
14	420	240	13,3 (impossible)
15	450	210	11,6 (impossible)
16	480	180	<u>10 (possible)</u>

17	510	150	8,3 (impossible)
18	540	120	6,6 (impossible)
19	570	90	5 (possible)
20	600	60	3,3 (impossible)
21	630	30	1,6 (impossible)
22	660	0	0 (impossible)

Il y a donc 7 cas où il est possible de distribuer 660 EUR à plusieurs hommes et plusieurs femmes. Après 7 ans, la distribution prendra donc fin.

La multiplication des croix grecques.

Une croix grecque est une croix formée en accolant 5 carrés identiques comme le montre l'illustration ci-dessous :

L'énigme proposée ici consiste à couper une croix grecque en cinq pièces qui formeront à leur tour deux croix grecques identiques.

SOLUTION

Sur la figure 1, on s'aperçoit que la croix marquée A est constituée d'une seule pièce. Pour autant, elle est coupée de telle façon que les pièces marquées B, C, D et E sont identiques et forment sur la figure 2 une croix identique à la pièce A.

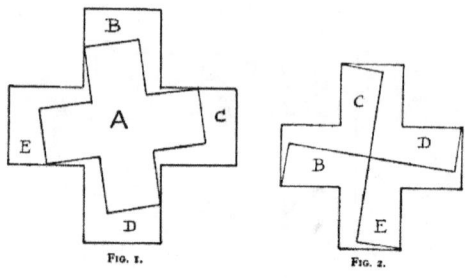

FIG. 1.   FIG. 2.

L'héritage de la veuve.

Un homme, mort récemment, laisse la somme de 78000 EUR à diviser entre sa veuve, cinq fils et quatre filles. Il a demandé à ce que chaque fils reçoive trois fois plus d'argent qu'une fille, et que chaque fille reçoive deux fois plus d'argent que leur mère.

Quelle a été la part de la veuve ?

SOLUTION

Appelons x la part de la veuve,

Chaque fille reçoit deux fois plus d'argent que leur mère soit 2x. Comme il y a 4 filles, la somme d'argent reçue par l'ensemble des filles est 4 * 2x soit 8x.

Chaque garçon reçoit trois fois plus d'argent qu'une fille soit 3 * 2x ou 6x. Comme il y a 5 garçons, la somme d'argent reçue par l'ensemble des garçons est 5 * 6x soit 30x.

Ainsi la somme d'argent totale reçue par la famille est x (part de la veuve) + 8x (part des 4 filles) + 30x (part des 5 garçons) soit 39x. Cette somme d'argent correspond à 78000 EUR.

On a donc 39x = 78000 soit x = 78000 / 39 = 2000

On en déduit que la veuve perçoit la somme de 2000 EUR en héritage.

L'énigme des dés.

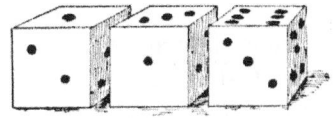

Voici un petit jeu avec trois dés. Je vous demande de jeter les dés sans que je les voie. Multipliez les points du premier dé par 2 et ajoutez 5; puis multipliez le résultat par 5 et ajoutez-y les points du deuxième dé; enfin multipliez le résultat par 10 et ajoutez-y les points du troisième dé. En me donnant alors le total obtenu, je peux vous annoncer le tirage obtenu pour chacun des trois dés. Par exemple, si les dés indiquent 1, 3 et 6, comme sur l'illustration, le résultat que vous obtiendrez sera 386, d'où j'en déduirai le tirage des trois dés. Comment dois-je faire ?

SOLUTION

Appelons
X le nombre de points du premier dé,
Y le nombre de points du second dé,
Z le nombre de points du troisième dé,

Multipliez les points du premier dé par 2 et ajoutez 5 : $2X + 5$,
Multipliez le résultat par 5 et ajoutez-y les points du deuxième dé : $5(2X + 5) + Y = 10X + Y + 25$,
Multipliez le résultat par 10 et ajoutez-y les points du troisième dé : $10(10X + Y + 25) + Z = 100X + 10Y + Z + 250$

On s'aperçoit qu'en retranchant 250 au résultat obtenu, il reste $100X + 10Y + Z$. Ainsi le chiffre des centaines correspond au nombre de points du premier dé, le chiffre des dizaines correspond au nombre de points du second dé et le chiffre des unités correspond au nombre de points du troisième dé.

Par exemple, si le résultat obtenu est 386 : il suffit de retrancher 250 ce qui donne 136. On en déduit que le premier dé a donné un 1, le second dé a donné un 3 et le troisième dé a donné un 6.

Une histoire de temps.

Combien reste-t-il de minutes jusqu'à six heures sachant que cinquante minutes auparavant, il était passé quatre fois ce nombre de minutes depuis trois heures ?

SOLUTION

Appelons X le nombre de minutes recherché.

L'énigme commence à 3 heures et se finit à 6 heures, ce qui représente un intervalle de temps de 3 heures ou 180 minutes.

A partir de 3 heures, se sont passées 4X (« *quatre fois ce nombre de minutes depuis trois heures* »)

Puis 50 minutes se sont écoulées (« *cinquante minutes auparavant* ») pour en arriver au moment où le problème est posé,

Puis X minutes plus tard, il sera 6 heures.

Ainsi les 180 minutes entre 3 heures et 6 heures peuvent se décomposer en : $180 = 4X + 50 + X$

D'où $5X = 130$ ou encore $X = 26$.

Le nombre de minutes restant jusqu'à 6 heures est donc 26.

Ainsi l'heure à laquelle le problème est posé est 5 : 34,

50 minutes auparavant, il était 4 : 44,

Il s'était donc passé 104 minutes depuis 3 heures soit 4 * 26.

Sniper balnéaire.

Trois amis étaient sur un bateau à une distance de deux kilomètres en mer. Soudain un coup de fusil fut tiré depuis le rivage dans leur direction.

Gabriel a seulement entendu le coup de fusil, Jean-Baptiste n'a vu que de la fumée, et Pierre a simplement vu la balle frapper l'eau à proximité. Dans ces conditions, pouvez-vous déterminer qui fut le premier à s'apercevoir du coup de fusil ?

SOLUTION

Pour résoudre ce problème, il suffit de connaître l'ordre de grandeurs de quelques vitesses.

L'un des amis a entendu le coup de fusil, il faut donc connaître la vitesse du son,

Le deuxième a vu de la fumée, il faut donc connaître la vitesse de la lumière,

Le dernier a vu la balle frapper l'eau à proximité, il faut donc connaître la vitesse de la balle.

La vitesse du son est de 340 mètres par seconde environ,

La vitesse de la lumière est de 300 000 000 mètres par seconde environ,

La vitesse d'une balle est de l'ordre de 1000 mètres par seconde.

Ainsi le premier à avoir eu connaissance du tir est Jean-Baptiste (en 0,000007 seconde), puis Pierre (en 2 secondes environ) et enfin Gabriel (en 6 secondes environ).

Le tonneau mystérieux.

Deux hommes se disputaient à propos du contenu d'un tonneau à l'intérieur duquel ils regardaient. L'un d'eux affirmait que ce tonneau était plus qu'à moitié plein, tandis que l'autre était persuadé qu'il n'était même pas rempli à moitié. Quel est le moyen le plus simple de donner raison à l'un ou l'autre, avec un peu de bon sens, mais sans utiliser de bâton ou mettre en œuvre tout type de mesure.

<u>SOLUTION</u>

Pour les départager, il suffit d'incliner le tonneau comme cela est représenté sur l'illustration ci-dessous : de telle façon que la surface du liquide affleure l'ouverture du tonneau (point A) :

- Si au fond du tonneau, la surface du liquide se situe au niveau du point B, le tonneau est exactement rempli à moitié,
- Si au fond du tonneau, la surface du liquide se situe au niveau du point C, le tonneau est rempli plus qu'à moitié,
- Si au fond du tonneau, la surface du liquide se situe au niveau du point D, le tonneau est rempli moins qu'à moitié.

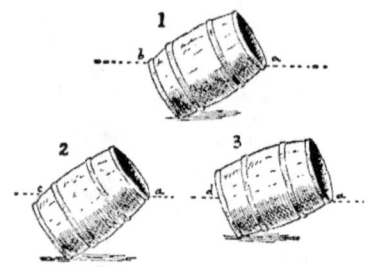

Placement de chiffres.

1	9	2
3	8	4
5	7	6

Dans le tableau ci-dessus, nous avons disposé neuf chiffres de telle façon que le nombre de la deuxième rangée (384) est le double de celui de la première rangée (192), de même le nombre de la troisième rangée (576) est le triple de celui de la première rangée. Sachant qu'il existe trois autres manières de disposer les chiffres afin de produire le même résultat, pouvez-vous les trouver ?

SOLUTION

Pour obtenir la même particularité, la première rangée doit contenir l'un des nombres suivants : 192, 219, 273, 327.

Charité aveugle.

Un homme généreux rentra chez lui un soir et reçut trois personnes dans le besoin. A la première personne, il donna un euro de plus que la moitié de l'argent qu'il avait dans la poche; à la deuxième personne, il donna deux euros de plus que la moitié de l'argent qu'il lui restait alors dans la poche; et à la troisième personne, il remit trois euros de plus que la moitié de ce qu'il lui restait alors. Lorsque les trois personnes repartirent, il ne lui restait qu'un seul euro dans la poche.

A présent, pouvez-vous dire exactement combien d'argent avait ce monsieur sur lui lorsqu'il rentra à la maison ?

SOLUTION

Complétons le tableau ci-dessous :

La colonne A indique la personne à qui de l'argent va être distribué,
La colonne B indique la somme d'argent que le donateur a en poche avant de distribuer de l'argent à la personne indiquée en colonne A,
La colonne C indique la somme d'argent distribuée à la personne indiquée en colonne A,
La colonne D indique la somme d'argent que le donateur a en poche après avoir distribué de l'argent à la personne indiquée en colonne A.

A	B	C	D
Personne	Somme en poche avant	Somme offerte	Somme en poche après ($= B - C$)
1	x	$x/2 + 1$	$(x-2)/2$
2	$(x-2)/2$	$(x-2)/4 + 2$	$(x-10)/4$
3	$(x-10)/4$	$(x-10)/8 + 3$	$(x-34)/8$

Les valeurs indiquées en colonne D sont obtenues en retranchant la valeur indiquée dans la colonne C à la valeur indiquée dans la colonne B. Ce calcul fait intervenir des fractions dont le maniement est expliqué dans mon précédent ouvrage « Allergic'o Maths, tome 1 ».

On sait qu'après la distribution, l'homme a 1 EUR en poche donc $(x-34)/8 = 1$

De cette équation, on peut déduire que $x = 42$.

Ainsi le donateur avait 42 EUR en poche en rentrant chez lui.

Après la tempête.

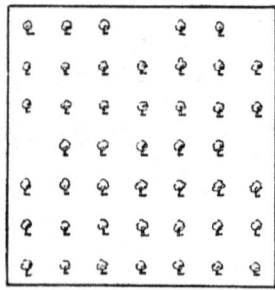

Un homme possède un verger de forme carrée et constitué de quarante-neuf arbres. Hélas, comme cela est représenté sur l'illustration, quatre arbres ont été abattus par le vent et retirés. Il souhaite à présent abattre la plupart des arbres et n'en conserver que dix. A partir des arbres restant, on doit pouvoir tracer cinq lignes droites passant chacune par quatre arbres. Dans ces conditions, quels sont les dix arbres à conserver ?

SOLUTION

L'illustration ci-dessous montre les arbres à conserver afin de pouvoir tracer 5 lignes contenant chacune 4 arbres. Les points représentent les arbres qui auront été abattus.

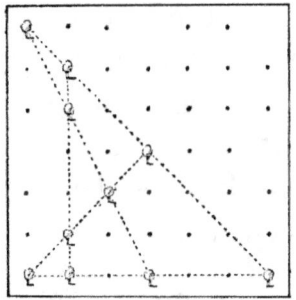

Un précieux échiquier.

L'échiquier ci-dessous est en or massif, il appartenait à un roi très riche et grand amateur d'échecs. Chaque année, il organisait un tournoi dans son royaume. Celui qui parvenait à battre le roi était mis à l'honneur : son nom était gravé au dos de l'échiquier et une pierre précieuse était incrustée dans la case dans laquelle le roi avait été mis en échec.

Le roi avait promis qu'à sa mort, cet échiquier serait partagé parmi tous les adversaires qui étaient parvenus à le battre lors d'un tournoi.

A sa mort, quatre pierres précieuses ornaient l'échiquier. On fit alors venir les quatre personnes qui avaient battu le roi pour qu'elles se partagent, comme promis, ce bel échiquier. Néanmoins le roi, décidemment très joueur, avait imposé une ultime condition. Les quatre héritiers devaient parvenir à découper l'échiquier en quatre pièces identiques possédant chacune 16 cases et une pierre précieuse. La découpe ne pouvait être effectuée que le long des lignes du quadrillage. Comment les héritiers ont-ils procédé pour y parvenir ?

SOLUTION

Voici la seule façon de procéder à la découpe de l'échiquier afin que chacune des pièces possède 16 cases et une pierre précieuse. Deux pièces ont été grisées pour davantage de visibilité.

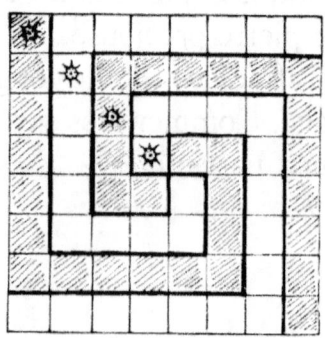

L'héritage de quatre fils.

Un homme possédait un domaine de forme carrée. A sa mort, il légua le quart de ce terrain à sa veuve. Le reste fut réparti équitablement entre ses quatre fils, de telle façon que chacun reçut un terrain de taille et de forme identique. L'illustration représente le partage qui a été effectué. Néanmoins, au centre du domaine se tenait une bâtisse, indiquée par un point noir, à laquelle seul Antoine pouvait accéder. Ses frères, Benjamin, Charles et David, demandèrent à pouvoir y accéder dans un souci d'équité. L'énigme consiste à proposer un nouveau découpage du terrain entre les quatre frères de sorte à ce que chaque terrain ait la même forme et la même taille et que chacun puisse accéder directement à la bâtisse tout en restant sur son propre terrain.

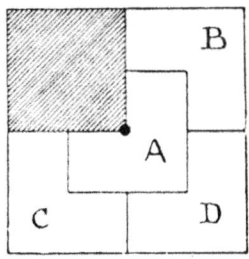

SOLUTION

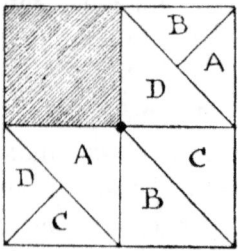

L'illustration représente le partage le plus équitable possible de telle façon que chaque frère reçoive un terrain de la même taille et de la même forme et puisse accéder à la bâtisse sans sortir de son terrain. L'énoncé ne précise pas que les terrains doivent être d'un seul tenant. Dès lors il est impératif que les deux morceaux d'une même personne soient séparés afin de respecter l'équité.

Une figure en quatre traits.

Le casse-tête consiste ici à reproduire la figure que tient en main la jeune fille sur l'illustration. Cependant vous n'aurez droit qu'à 4 traits et vous ne pourrez décoller la pointe de votre stylo de la feuille qu'à 3 reprises seulement.

SOLUTION

Une grande partie de la figure peut être reproduite à partir d'un seul coup de crayon délimité sur l'illustration ci-dessous par les points A et B. Le stylo sera levé une première fois en B, puis une seconde fois en D et enfin en F. Le quatrième trait GH achève quant à lui la figure.

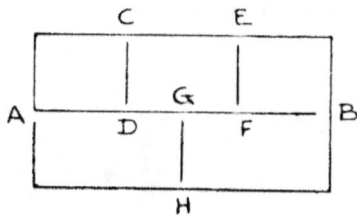

Investissement boursier.

Un homme a récemment acheté des actions dans deux sociétés. Après quelques mois, il vendit les deux lots pour £ 600 chacun. Sur les actions de la première société, il perdit 20% ; sur les actions de l'autre société, il fit un bénéfice de 20%.

A-t-il fait un profit ou une perte sur l'ensemble de l'opération ? De combien ?

SOLUTION

La résolution de ce problème fait intervenir la notion de pourcentage et de proportionnalité dont le maniement est expliqué dans mon précédent ouvrage « Allergic'o Maths, tome 2 ».

Le premier lot d'actions a été vendu pour 600 EUR, prix qui correspond à une perte de 20%. Cela signifie que ces 600 EUR correspondent à 80% du prix initialement payé. Dressons le tableau de proportionnalité suivant :

Prix (EUR)	x	600
Pourcentage représenté	100	80

Grâce au produit en croix, on a x = (600 * 100) / 80 = 750.
On en déduit que ce premier lot d'actions a été payé initialement 750 EUR.

Le deuxième lot d'actions a été vendu pour 600 EUR, prix qui correspond à un gain de 20%. Cela signifie que ces 600 EUR correspondent à 120% du prix initialement payé. Dressons le tableau de proportionnalité suivant :

Prix (EUR)	x	600
Pourcentage représenté	100	120

Grâce au produit en croix, on a $x = (600 * 100) / 120 = 500$.

On en déduit que ce deuxième lot d'actions a été payé initialement 500 EUR.

A l'achat, il a donc payé un total de 750 (lot d'actions 1) + 500 (lot d'actions 2) = 1250 EUR.

A la revente, il a perçu un total de 600 + 600 = 1200 EUR.

Au final, il a perdu 50 EUR dans l'opération.

Les trois pirates.

Il y a de nombreuses années, trois pirates avaient enterré un trésor à proximité d'une rivière. De retour sur les lieux, ils ont divisé le butin entre eux : Greg prit la plus grosse part évaluée à 8 kg d'or, John obtient 5 kg d'or et Timothy reçut 3 kg d'or. Au retour, ils devaient traverser une rivière au bord de laquelle ils avaient laissé un petit bateau. Cependant, ce bateau ne pouvait transporter que deux hommes à la fois ou un homme et un sac. Les trois hommes étaient si méfiants qu'ils décidèrent qu'aucun d'entre eux ne pouvait rester seul sur une rive ou sur le bateau avec davantage que sa propre part du butin.

Comment sont-ils parvenus à traverser la rivière en un minimum de voyage et en emportant le trésor avec eux ?

SOLUTION

Dans le tableau suivant :

La colonne de gauche représente la rive gauche de la rivière,
La colonne du milieu représente la rivière,
La colonne de droite représente la rive droite de la rivière,
G représente Greg,
J représente John,
T représente Timothy,
8 représente le sac de 8 kg d'or,
5 représente le sac de 5 kg d'or,
3 représente le sac de 3 kg d'or,
La flèche < ou > représente le sens de déplacement du bateau.

	< J 5	G T 8 3
5	J >	G T 8 3
5	< G 3	J T 8
5 3	G >	J T 8
5 3	< J T	G 8
J 5	T 3 >	G 8
J 5	< G 8	T 3
G 8	J 5 >	T 3
G 8	< J T	5 3
J T 8	G >	5 3
J T 8	< G 3	5
G T 8 3	J >	5
G T 8 3	< J 5	

Repas de cyclistes.

Plusieurs cyclotouristes se retrouvèrent dans une taverne pour se restaurer. Ils demandèrent à ce qu'une seule addition soit établie, celle-ci serait divisée à parts égales entre les participants. L'addition s'élevait à 80 EUR. Au moment de payer, on s'aperçut que deux cyclistes s'étaient discrètement éclipsés sans payer. Chacun des honnêtes participants dut alors augmenter sa part de 2 EUR afin de payer son du au restaurateur.

Combien y avait-il de cyclistes dans la taverne au début du repas ?

SOLUTION

Appelons x le nombre de personnes présentes au début du repas.
Appelons R le prix moyen d'un repas.

L'addition s'élève à 80 EUR ce qui signifie que $80 = x * R$ ou $R = 80/x$

A la fin du repas, le nombre de cyclistes est maintenant de $(x-2)$ puisque deux cyclistes ont disparu.

L'addition s'élève toujours à 80 EUR et chaque participant a du rajouter 2 EUR au prix moyen du repas, on a donc $80 = (x-2)(R+2)$

En remplaçant R par $80/x$ dans cette équation, on a $80 = (x-2)(80/x + 2)$

On peut multiplier les deux membres de part et d'autre du signe égal par x, ce qui donne :

$80x = (x-2)(80+2x)$ soit $80x = 80x + 2x^2 - 160 - 4x$, ou encore $2x^2 - 4x - 160 = 0$

Au final nous devons résoudre l'équation $x^2 - 2x - 80 = 0$.

Comment résoudre ce type d'équation ?

C'est une équation du second degré de la forme $ax^2 + bx + c = 0$
Pour la résoudre, il faut tout d'abord calculer le discriminant donné par $\Delta = b^2 - 4ac$

Soit dans notre cas, avec a = 1, b = -2 et c = -80 : Δ = (-2)^2 - 4*(1)*(-80) = 4 + 320 = 324.

Lorsque le discriminant Δ est :
Inférieur à 0, cela signifie que l'équation n'a pas de solution,
Egal à 0, cela signifie que l'équation a une seule solution qui est x = -b / 2a
Supérieur à 0, cela signifie que l'équation a deux solutions qui sont x_1 = (-b-$\sqrt{\Delta}$)/2a et x_2= (-b+$\sqrt{\Delta}$)/2a

Dans notre cas, le discriminant est de 324 donc supérieur à 0. Il y a donc 2 solutions à l'équation :
x_1 = (-(-2)-$\sqrt{324}$)/2*1 et x_2= (-(-2)+$\sqrt{324}$)/2*1
x_1 = (2-18)/2 et x_2= (2+18)/2
x_1 = -8 et x_2= 10

L'une des solutions donne un nombre négatif (-8) qui ne peut pas correspondre à ce que nous recherchons (un nombre de personnes). Ainsi la seule solution qui convient à notre problème est 10. On en déduit qu'il y avait 10 cyclistes au début du repas.

Un tournoi de tennis.

Quatre couples mariés ont joué un tournoi de tennis en «double mixte», un homme et une femme jouaient contre un autre homme et une autre femme. Néanmoins personne n'a joué plus d'une fois avec tout autre personne et plus d'une fois contre toute autre personne.

Pouvez-vous montrer comment ils se sont répartis pour jouer trois jours de suite sur deux cours ?

SOLUTION

Appelons les hommes H1, H2, H3 et H4 et leurs épouses respectives F1, F2, F3 et F4.

Voici comment ils ont pu se répartir sur deux cours durant trois jours :

	Cours 1	Cours 2
Jour 1	H1 F3 / H2 F4	H3 F1 / H4 F2
Jour 2	H1 F4 / H3 F2	H4 F1 / H2 F3
Jour 3	H1 F2 / H4 F3	H2 F1 / H3 F4

Le millionnaire.

Un millionnaire qui ne savait plus quoi faire de son argent décida de distribuer la somme de 1000000 EUR à partager entre plusieurs personnes. Mais cet homme était fantasque et superstitieux, si bien que chaque part devait être un multiple de 7. Par ailleurs il ne voulait pas donner la même somme à plus de 6 personnes.

Comment peut-on répartir les 1.000.000 EUR ? Vous pouvez distribuer l'argent à autant de personnes que vous le souhaitez en respectant les conditions imposées.

SOLUTION

La résolution de ce problème est possible en utilisant la méthode dite des bases. Connaissez-vous la notation binaire dite aussi « base de 2 » ? Cette notation consiste à écrire un nombre entier quelconque en utilisant uniquement des 0 et des 1 (soit 2 nombres).

Remplissons un tableau uniquement avec des nombres qui sont des puissances de 2 :
$2^0 = 1$; $2^1 = 2$; $2^2 = 4$; $2^3 = 8$; $2^4 = 16$; $2^5 = 32$; $2^6 = 64$
…

64	32	16	8	4	2	1

A présent, considérons le nombre 43.
Le plus grand nombre de la base de 2 que l'on peut faire rentrer dans 43 est 32, on a 43 = 1 * 32 + 11,
Considérons le nombre 11, le plus grand nombre de la base de 2 que l'on peut faire rentrer dans 11 est 8, on a 11 = 8 * 1 + 3,
Considérons le nombre 3, le plus grand nombre de la base de 2 que l'on peut faire rentrer dans 3 est 2, on a 3 = 2 * 1 + 1,
Considérons le nombre 1, le plus grand nombre de la base de 2 que l'on peut faire rentrer dans 1 est 1, on a 1 = 1 * 1 + 0,

On peut à présent remplir le tableau de la façon suivante :

64	32	16	8	4	2	1
0	1	0	1	0	1	1

Ainsi en notation binaire, ou base de 2, le nombre 43 s'écrit 101011 ce qui signifie, de gauche à droite, que dans 43 il y a 1 paquet de 32, 1 paquet de 8, 1 paquet de 2 et 1 paquet de 1 (1*32 + 1*8 + 1*2 + 1*1 = 43).

A présent nous pouvons effectuer le même raisonnement en nous intéressant à la « base de 7 » :

$7^7 =$	$7^6 =$	$7^5 =$	$7^4 =$	$7^3 =$	$7^2 =$	$7^1 =$	$7^0 =$
823543	117649	16807	2401	343	49	7	1

Dans notre problème, on considère le nombre 1000000.

Le plus grand nombre de la base de 7 que l'on peut faire rentrer dans 1000000 est 823543, on a 1000000 = 1 * 823543 + 176457,

Considérons le nombre 176457, le plus grand nombre de la base de 7 que l'on peut faire rentrer dans 176457 est 117649, on a 176457 = 117649 * 1 + 58808,

Considérons le nombre 58808, le plus grand nombre de la base de 7 que l'on peut faire rentrer dans 58808 est 16807, on a 58808 = 16807 * 3 + 8387,

Considérons le nombre 8387, le plus grand nombre de la base de 7 que l'on peut faire rentrer dans 8387 est 2401, on a 8387 = 2401 * 3 + 1184,

Considérons le nombre 1184, le plus grand nombre de la base de 7 que l'on peut faire rentrer dans 1184 est 343, on a 1184 = 343 * 3 + 155,

Considérons le nombre 155, le plus grand nombre de la base de 7 que l'on peut faire rentrer dans 155 est 49, on a 155 = 49 * 3 + 8,

Considérons le nombre 8, le plus grand nombre de la base de 7 que l'on peut faire rentrer dans 8 est 7, on a 8 = 7 * 1 + 1,

Considérons le nombre 1, le plus grand nombre de la base de 7 que l'on peut faire rentrer dans 1 est 1, on a 1 = 1 * 1 + 0,

On peut à présent remplir le tableau de la façon suivante :

$7^7 =$ 823543	$7^6 =$ 117649	$7^5 =$ 16807	$7^4 =$ 2401	$7^3 =$ 343	$7^2 =$ 49	$7^1 =$ 7	$7^0 =$ 1
1	1	3	3	3	3	1	1

Ainsi en base de 7, le nombre 1000000 s'écrit 11333311 ce qui signifie, de gauche à droite, qu'avec 1000000 EUR on peut faire 1 don de 823543 EUR, 1 don de 117649 EUR, 3 dons de 16807 EUR, 3 dons de 2401 EUR, 3 dons de 343 EUR, 3 dons de 49 EUR, 1 don de 7 EUR et 1 don de 1 EUR (1*823543 + 1*117649 + 3*16807 + 3*2401 + 3*343 + 3*49 + 1*7 + 1*1 = 1000000).

Les tirelires.

Quatre frères nommés John, William, Charles et Thomas reçurent chacun une tirelire dans laquelle ils placèrent leurs économies. Chacun indiqua alors combien d'argent il avait épargné et ils constatèrent que si John avait eu 2 EUR plus dans sa tirelire, si William avait eu 2 EUR de moins, si Charles avait eu deux fois plus d'argent et si Thomas avait eu moitié moins d'argent, ils auraient tous eu exactement le même montant dans leur tirelire.

Sachant que les quatre tirelires contenaient en tout 45 EUR, quelle somme d'argent y avait-il dans chacune des tirelires ?

SOLUTION

Appelons J la somme d'argent dans la tirelire de John.
Appelons W la somme d'argent dans la tirelire de William.
Appelons C la somme d'argent dans la tirelire de Charles.
Appelons T la somme d'argent dans la tirelire de Thomas.

La phrase « si John avait eu 2 EUR plus dans sa tirelire, si William avait eu 2 EUR de moins, si Charles avait eu deux fois plus d'argent et si Thomas avait eu moitié moins d'argent, ils auraient tous eu exactement le même montant dans leur tirelire » peut être mise en équation de la façon suivante :

$$J+2 = W-2 = 2C = T/2$$

Ou encore, en multipliant tous les membres de ces égalités par 2 : $2J+4 = 2W-4 = 4C = T$

De ces égalités, on tire :

$4C = 2J+4$ et $4C = 2W-4$ donc $8C = 2J + 2W$ donc $4C = J + W$
$T = 4C$

La phrase « les quatre tirelires contenaient en tout 45 EUR » peut quant à elle être mise en équation de la façon suivante :

$$J + W + C + T = 45$$

En remplaçant dans cette équation (J+W) par 4C, et T par 4C on obtient :

$$4C + C + 4C = 45$$

96

D'où 9C = 45
D'où C = 5

Comme T = 4C alors T = 4*5 = 20
Comme 4C = 2J + 4 alors J = 8
Comme 4C = 2W – 4 alors W = 12

On en déduit que John avait 8 EUR, William avait 12 EUR, Charles avait 5 EUR et Thomas avait 20 EUR.

Carrés magiques avec des cartes.

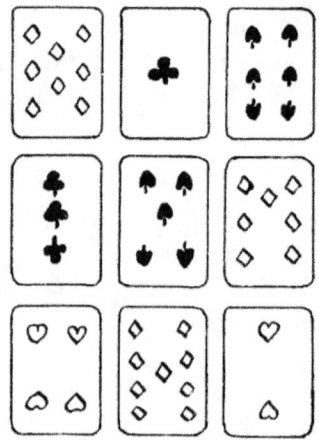

Prenez un paquet ordinaire de cartes à jouer et mettez de côté les douze cartes représentant une figure. Avec les cartes restantes (les couleurs sont sans conséquence) formez le carré magique ci-dessus. On voit que la somme des cartes donne quinze sur chaque ligne, sur chaque colonne, et sur chacune des deux diagonales. Avec les cartes restantes (et sans déranger cette disposition), formez trois nouveaux carrés magiques, dont la somme des cartes donne un résultat différent. Certaines cartes ne seront pas utilisées.

SOLUTION

Voici les carrés qu'il est possible de réaliser :

3	2	4
4	3	2
2	4	3

Somme du carré : 9

6	5	7
7	6	5
5	7	6

Somme du carré : 18

9	8	10
10	9	8
8	10	9

Somme du carré : 27

Seuls 3 as et 1 dix ne sont pas utilisés.

Fabrication d'une bannière.

A partir de la pièce de tissu ci-dessus représentant deux lions, on souhaite réaliser deux carrés pour former une bannière. Les deux carrés peuvent être de taille différente néanmoins chacun doit posséder un lion intact. Cette bannière peut être constituée à partir de quatre morceaux seulement.

Comment doit-on couper ce tissu pour y parvenir ?

SOLUTION

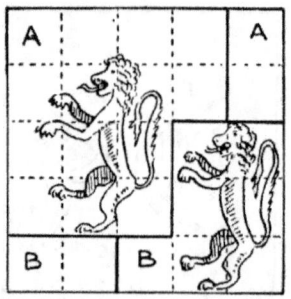

L'astuce consiste à partager la pièce de tissu en 25 carrés ce qui permettra de constituer un carré de 16 pièces (4 * 4) et un carré de 9 pièces (3 * 3). Puis il suffit de découper le tissu selon le trait plein ce qui permettra de former un carré en assemblant les pièces marquées A et un carré en assemblant les pièces marquées B.

Vitesse moyenne

Lors d'un entrainement, un sportif a parcouru sa distance d'entrainement à une vitesse moyenne de dix kilomètres à l'heure. Le lendemain, il effectue le même entrainement à une vitesse moyenne de quinze kilomètres à l'heure.

Quelle a été sa vitesse moyenne sur les deux jours ?

SOLUTION

Supposons que ce sportif ait parcouru une distance de 60 km lors de chaque entrainement.

Le premier jour, il a mis 60 / 10 = 6 heures pour effectuer le parcours,
Le deuxième jour, il a mis 60 / 15 = 4 heures pour effectuer le parcours.

Sur les deux jours, son entrainement correspond à une distance de 60 + 60 = 120 km parcourue en 6 + 4 = 10 heures.
Soit une vitesse moyenne de 120 / 10 = 12 kilomètres à l'heure.

Le souper de la Saint Sylvestre.

D'après le propriétaire d'une brasserie, les femmes se rendent seules dans son établissement ont une addition moyenne de 18 EUR. Les hommes non accompagnés laissent quant à eux une addition moyenne de 30 EUR. Enfin, les couples dépensent en moyenne 126 EUR. La veille du Nouvel An, il a servi des repas à vingt-cinq personnes, et obtenu une recette de 1200 EUR.

Sa clientèle étant exclusivement constituée d'hommes célibataires, de femmes célibataires et de couples, combien y avait-il de personnes appartenant à chacune de ces catégories ?

SOLUTION

Appelons H le nombre d'hommes célibataires.
Appelons F le nombre de femmes célibataires.
Appelons C le nombre de couples (2 individus).

Le restaurateur a servi 25 personnes, ce qui peut se traduire par l'équation suivante :

$H + F + 2C = 25$ (attention : un couple représente 2 personnes)

La recette de la soirée est de 1200 EUR, ce qui peut se traduire par l'équation suivante :

$30H + 18F + 126C = 1200$

En combinant les 2 équations, on peut écrire : $30H + 18F + 63*(25 - H - F) = 1200$

Ou encore $30H + 18F + 1575 - 63H - 63F = 1200$

Ou encore $375 = 33H + 45F$

H et F sont des nombres entiers,

Dans l'équation ci-dessus, si H = 11 alors F = 0,2 ; ce qui est impossible

Dans l'équation ci-dessus, si H = 10 alors F = 1 ; ce qui est possible

Dans l'équation ci-dessus, si H = 9 alors F = 1,7 ; ce qui est impossible

Dans l'équation ci-dessus, si H = 8 alors F = 2,4 ; ce qui est impossible

Dans l'équation ci-dessus, si H = 7 alors F = 3,2 ; ce qui est impossible

Dans l'équation ci-dessus, si H = 6 alors F = 3,9 ; ce qui est impossible

Dans l'équation ci-dessus, si H = 5 alors F = 4,6 ; ce qui est impossible

Dans l'équation ci-dessus, si H = 4 alors F = 5,4 ; ce qui est impossible

Dans l'équation ci-dessus, si H = 3 alors F = 6,1 ; ce qui est impossible

Dans l'équation ci-dessus, si H = 2 alors F = 6,8 ; ce qui est impossible

Dans l'équation ci-dessus, si H = 1 alors F = 7,6 ; ce qui est impossible

Ainsi la seule répartition possible est 10 hommes et 1 femme.

Comme il y avait 25 personnes en tout, cela signifie qu'il restait encore 25 − 10 − 1 = 14 personnes formant 7 couples.

L'addition était alors 10*30 + 1*18 + 7*126 = 1200 EUR.

La course de chevaux.

Trois chevaux, Socrate, Platon, et Euclide étaient au départ d'une course. Les côtes étaient les suivantes : Socrate à 4 contre 1; Platon à 3 contre 1, et Euclide à 2 contre 1. Combien dois-je investir sur chaque cheval pour gagner 13 EUR, quel que soit le cheval arrivant le premier ?

Supposons, par exemple, que je parie 5 EUR sur chaque cheval. Si Socrate gagne, je recevrai 20 € (quatre fois 5 EUR), par contre je perdrai les 5 € misés sur Platon et les 5 EUR misés sur Euclide; mon gain total sera donc de 10 EUR. De la même façon, si Platon gagne la course, mon gain total sera de 5 EUR, alors que si Euclide gagne, je ne gagnerai ni ne perdrai quoi que ce soit.

SOLUTION

Appelons :
X la somme misée sur Socrate,
Y la somme misée sur Platon,
Z la somme misée sur Euclide,

Si Socrate gagne la course, je gagnerai 4X mais je perdrai Y + Z
On veut un gain de 13 EUR, on a donc $4X - Y - Z = 13$ (équation 1)

Si Platon gagne la course, je gagnerai 3Y mais je perdrai X + Z
On veut un gain de 13 EUR, on a donc $3Y - X - Z = 13$ (équation 2)

Si Euclide gagne la course, je gagnerai 2Z mais je perdrai X + Y
On veut un gain de 13 EUR, on a donc $2Z - X - Y = 13$ (équation 3)

Nous avons un système à 3 équations et 3 inconnues.

En retranchant l'équation 2 à l'équation 1, on a :
$5X - 4Y = 0$ d'où $Y = 5X / 4$

En retranchant l'équation 3 à l'équation 1, on a :
$5X - 3Z = 0$ d'où $Z = 5X / 3$

En remplaçant Y et Z dans l'équation 1, on a :
$4X - 5X/4 - 5X/3 = 13$

Ou encore $48X - 15X - 20X = 156$

Soit $13X = 156$
Donc $X = 156/13 = 12$

$Y = 5X/4 = 5*12/4 = 15$
$Z = 5X/3 = 5*12/3 = 20$

On en déduit que pour gagner systématiquement 13 EUR, il faut miser 12 EUR sur Socrate, 15 EUR sur Platon et 20 EUR sur Euclide.

Les quatre lions.

L'énigme consiste à trouver de combien de manières différentes les quatre lions peuvent être placés sur le plateau afin qu'il n'y ait qu'un seul lion sur chaque ligne et dans chaque colonne. Les arrangements qui pourraient être obtenus par rotation du plateau ou par symétrie ne seront pas comptabilisés. Dans l'exemple donné, l'arrangement visant à placer les lions sur l'autre diagonale ne sera pas comptabilisé. En effet, cet arrangement peut être obtenu en plaçant le plateau face à un miroir ou en le tournant d'un quart de tour.

SOLUTION

Les conditions fixées par l'énoncé ne laissent la place qu'à 7 manières différentes de placer les lions sur le plateau :

1 2 3 4,
1 2 4 3,
1 3 2 4,
1 3 4 2,
1 4 3 2,
2 1 4 3,
2 4 1 3.

Le dernier arrangement 2 4 1 3 signifie que qu'un lion est placé sur la 2ème case de la 1ère ligne, un autre sur la 4ème case de la 2ème ligne, un autre sur la 1ère case de la 3ème ligne et le dernier sur la 3ème case de la 4ème ligne. Le premier arrangement est celui représenté sur l'illustration de l'énoncé.

Après les vendanges.

Un viticulteur possède deux tonneaux de 10 L remplis de vin. Il dispose aussi de deux récipients de respectivement 5 L et 4 L. Il souhaite remplir chacun de ces récipients avec 3 L de vin. Comment va-t-il s'y prendre et de combien de manipulations aura-t-il besoin ? Bien sûr, pas une goutte de vin ne sera gaspillée.

SOLUTION

Le tableau ci-dessous représente la séquence des manipulations à effectuer et la quantité de vin contenue dans chacun des récipients :

En gras, le récipient rempli au cours de l'étape,
<u>Souligné</u>, le récipient vidé au cours de l'étape.

Etape	Tonneau de 10 L	Tonneau de 10 L	Récipient de 5 L	Récipient de 4 L
0	10	10	0	0
1	<u>5</u>	10	**5**	0
2	5	10	<u>1</u>	**4**
3	**9**	10	1	<u>0</u>
4	9	<u>6</u>	1	**4**
5	9	7	<u>0</u>	4
6	9	7	**4**	<u>0</u>
7	9	<u>3</u>	4	**4**
8	9	3	**5**	<u>3</u>
9	9	**8**	<u>0</u>	3
10	<u>4</u>	8	**5**	3
11	4	**10**	<u>3</u>	3

L'âge d'un couple.

«L'âge de mon mari», fait remarquer une dame, « est représenté par les chiffres de mon âge inversés. Il est mon aîné, et la différence entre nos âges est un onzième de leur somme. »

Quels âges ont cette femme et son mari ?

SOLUTION

Appelons H l'âge de l'homme et F l'âge de la femme.

De l'information : « la différence entre nos âges est un onzième de leur somme » on déduit l'équation :

$H - F = 1/11 * (H + F)$
Ou encore $11H - 11F = H + F$
Ou $10H = 12F$
Ou $H = 1,2F$

Cette équation nous permet d'affirmer que lorsqu'on divise l'âge de l'homme par celui de la femme on obtient 1,2 (hypothèse 1)

On sait que les chiffres indiquant l'âge de l'homme sont inversés par rapport aux chiffres indiquant l'âge de la femme (hypothèse 2)

On sait que l'homme est l'aîné (hypothèse 3),

Dressons un tableau dans lequel on étudiera les possibilités, on partira du principe que l'homme et la femme ont plus de 20 ans :

Age de la femme (F)	Age de l'homme (H)	Calcul H / F	Hypothèse 1	Hypothèse 2	Hypothèse 3
21	12	0,57	Non	Oui	Non
22	22	1	Non	Oui	Non
23	32	1,39	Non	Oui	Oui

On s'aperçoit que le rapport H/F est devenu supérieur à 1,2 ; cela signifie que pour les couples d'âges (24 ; 42) (25 ; 52) ... (29 ; 92), ce rapport sera aussi supérieur à 1,2.

Dressons à présent un tableau étudiant les âges possibles de la femme dans la trentaine :

Age de la femme (F)	Age de l'homme (H)	Calcul H / F	Hypothèse 1	Hypothèse 2	Hypothèse 3
33	33	1	Non	Oui	Non
34	43	1,26	Non	Oui	Oui
35	53	1,51	Non	Oui	Oui

On s'aperçoit que le rapport H/F est devenu supérieur à 1,2 ; cela signifie que pour les couples d'âges (36 ; 63) (37 ; 73) ... (39 ; 93), ce rapport sera aussi supérieur à 1,2.

Dressons à présent un tableau étudiant les âges possibles de la femme dans la quarantaine :

Age de la femme (F)	Age de l'homme (H)	Calcul H / F	Hypothèse 1	Hypothèse 2	Hypothèse 3
44	44	1	Non	Oui	Non
45	54	1,2	Oui	Oui	Oui
46	64	1,39	Non	Oui	Oui

Le couple d'âges (45 ; 54) répond aux trois hypothèses : on en déduit donc que la femme a 45 ans alors que l'homme a 54 ans.

La cible en croix.

L'illustration ci-dessus présente une cible pour le moins particulière. Pour marquer des points, il est impératif que les quatre coups de feu tirés forment un carré. On voit, au travers des impacts sur la cible, que deux tentatives ont été couronnées de succès. Le premier tireur a touché les quatre cercles sur la partie supérieure de la croix et a ainsi formé un carré. Le deuxième tireur, qui cherchait à atteindre les quatre cercles situés dans la partie inférieure, a manqué son deuxième coup placé un peu trop haut sur la gauche. Ce second tir l'a contraint à former un carré d'une manière différente de celle envisagée initialement. Ainsi quel que soit le cercle touché au premier tir, le cercle touché au second coup vous impose les cercles à atteindre au 3ème et 4ème tir afin de former un carré.

Dans ces conditions, saurez-vous déterminer de combien de manières différentes est-il est possible de former un carré sur la cible en quatre coups de feu ?

SOLUTION

21 carrés
possibles

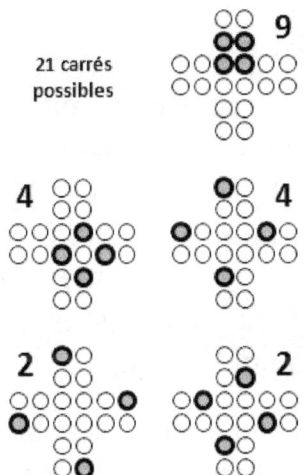

Bœuf et saucisses.

Un boucher a acheté à son grossiste une certaine quantité de viande de bœuf à 24 EUR le kilo et la même quantité de saucisses à 18 EUR le kilo. Je fais remarquer que s'il avait divisé la même somme d'argent à parts égales entre bœuf et saucisses, il aurait gagné deux kilos en poids total.

Pouvez-vous me dire exactement quelles quantités de bœuf et de saucisses a-t-il acheté ?

SOLUTION

Appelons x la quantité de bœuf achetée par le boucher.

On sait que le boucher a acheté la même quantité de bœuf et de saucisses, il a donc acheté x kg de saucisses.
La quantité totale de viande achetée par le boucher est x (bœuf) + x (saucisses) = 2x (kg)
Pour acheter x bœuf et x saucisses, il a payé 24x + 18x soit 42x (EUR)

On nous dit : « s'il avait divisé la même somme d'argent à parts égales entre bœuf et saucisses, il aurait gagné deux kilos en poids total »
Cela signifie que s'il avait payé 42x/2 = 21x (EUR) pour acheter du bœuf et 21x (EUR) pour acheter des saucisses, il aurait eu 2 kg de plus c'est à dire qu'il aurait eu 2x + 2 (kg)

Le bœuf coûte 24 EUR / kg,
Donc en dépensant 21x (EUR), le boucher aurait pu acheter une quantité de bœuf égale à 21x/24 (kg)

Les saucisses coûtent 18 EUR / kg,
Donc en dépensant 21x (EUR), le boucher aurait pu acheter une quantité de saucisse égale à 21x/18 (kg)

On en déduit l'équation sur le poids : 21x/24 + 21x/18 = 2x + 2

Ou encore 21x/24 + 7x/6 = 2x + 2
Soit 21x/24 + 28x/24 = 48x/24 + 2
Soit 49x/24 = 48x/24 + 2
Soit x/24 = 2
Donc x = 48 (kg)

On en déduit que le boucher a acheté 48 kg de bœuf et 48 kg de saucisses soit 96 kg de viande.

Il a payé le bœuf 48 * 24 = 1152 EUR

Il a payé les saucisses 48 * 18 = 864 EUR

Il a payé en tout 1152 + 864 = 2016 EUR

S'il avait dépensé 2016/2 = 1008 EUR pour du bœuf et 1008 EUR pour des saucisses,

Il aurait pu acheter 1008 / 24 = 42 kg de bœuf et 1008 / 18 = 56 kg de saucisses soit 98 kg de viande.

Les trois armoires.

Un homme avait trois armoires dans son bureau, chacune contenant neuf casiers, comme représenté sur le schéma. Il demanda à son assistant de placer un numéro entre 0 et 9 dans chaque casier de l'armoire A, puis de faire de même dans les armoires B et C. Chaque chiffre ne devait apparaître, au plus, qu'une seule fois dans chacune des armoires.

En ouvrant les armoires, l'employeur fut surpris de constater que les chiffres avaient apparemment été répartis au hasard. Néanmoins l'assistant expliqua avoir organisé les chiffres dans chacune des armoires de telle façon que le nombre formé par les chiffres du haut additionné au nombre formé par les chiffres du milieu donnent le nombre formés par les chiffres du bas. De plus la somme obtenue dans l'armoire A était plus petite que la somme obtenue dans l'armoire B, elle-même plus petite que la somme obtenue dans l'armoire C.

Comment l'assistant a-t-il placé les chiffres pour y parvenir ? Aucun nombre décimal ne peut être utilisé et aucun zéro ne peut apparaître comme chiffre des centaines.

SOLUTION

En utilisant une seule fois neufs nombres choisis entre 0 et 9 :

Le plus petit total qu'il est possible d'obtenir est 356 = 107 + 249,

Le plus grand total qu'il est possible d'obtenir est 981 = 235 + 746 = 324 + 657,

Les totaux intermédiaires possibles sont : 720 = 134 + 586, ou 702 = 134 + 568, ou 407 = 138 + 269.

Il n'y a donc qu'une seule façon de remplir l'armoire A, trois façons de remplir l'armoire B et deux façons de remplir l'armoire C ; en voici une :

107	134	235
249	568	746
356	702	981

Cinq triangles pour un carré.

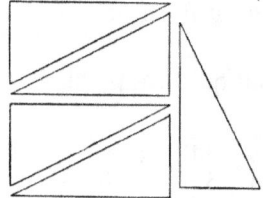

En prenant un morceau de carton rectangulaire, deux fois plus long que large, et en le coupant selon une diagonale, vous obtiendrez deux des triangles présentés sur l'illustration.

Comment former un carré à partir de cinq de ces triangles identiques ? Notez que l'une de ces pièces peut être coupée en deux, les autres doivent quant à elles rester intactes.

SOLUTION

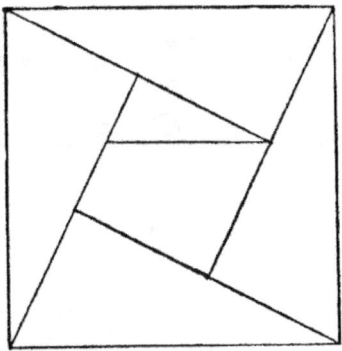

La solution est donnée par l'illustration ci-dessus. Notez que le centre de la figure, qui a la forme d'un carré, a été obtenu en coupant en deux l'un des triangles.

Les maisons sur le lac.

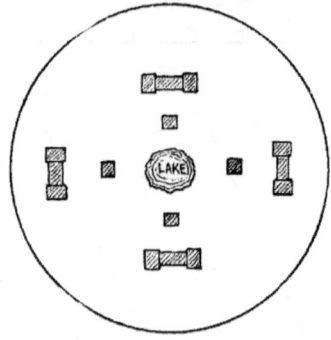

Il y avait un petit lac, autour duquel quatre hommes modestes avaient construit leurs maisons. Un jour, quatre hommes fortunés vinrent construire leurs manoirs derrière chacune des maisonnettes, comme indiqué dans l'illustration. Ils souhaitaient jouir en exclusivité du lac si bien qu'ils chargèrent un artisan de mettre construire un mur le plus court possible qui exclurait les propriétaires des maisonnettes tout en conservant un libre accès au lac. Quel est le tracé optimal de ce mur ?

SOLUTION

Souvenez-vous que la plus courte distance entre deux points est la ligne droite. Dès lors la construction la plus optimisée est la suivante :

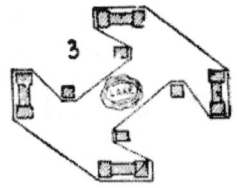

Un deal de pomelos.

J'ai payé à mon épicier 12 EUR pour des pomelos, mais ceux-ci étaient si petits que je lui ai fait ajouter deux pomelos supplémentaires. Pour le même prix final, j'ai gagné 1 EUR sur le prix d'une douzaine de pomelos.

Combien de pomelos ai-je eu pour 12 EUR ?

SOLUTION

Appelons x le nombre de pomelos achetés initialement.
Appelons P le prix initial d'une douzaine de pomelos.

Nous pouvons dresser un premier tableau de proportionnalité :

Prix (EUR)	12	P
Nombre de pomelos	x	12

Ce tableau est construit en sachant que nous avons payé 12 EUR pour x pomelos et que 12 pomelos coûtent P EUR.

On en déduit, grâce au produit en croix abordé dans mon précédent ouvrage « Allergic'o Maths, tome 2 » que $P = (12 * 12) / x = 144 / x$

En rajoutant 2 pomelos, nous avons maintenant (x+2) pomelos et le prix de la douzaine de pomelos devient P-1 (d'après l'énoncé). On obtient ainsi un deuxième tableau de proportionnalité :

Prix (EUR)	12	P-1
Nombre de pomelos	x+2	12

D'où on sort, grâce au produit en croix : $(x+2)(P-1) = 12 * 12$

Dans cette équation, on peut remplacer P par $144/x$ (obtenu d'après le premier tableau), donc :

$(x+2)(144/x -1) = 144$

On peut multiplier les deux membres de part et d'autre du signe égal par x, ce qui donne :

$(x+2)(144-x) = 144x$ soit $144x + 288 - x^2 - 2x = 144x$, ou encore $x^2 + 2x - 288 = 0$

Au final nous devons résoudre l'équation $x^2 + 2x - 288 = 0$.

Comme vu dans l'exercice « repas de cyclistes », cette équation est une équation du second degré de la forme $ax^2 + bx + c = 0$
Pour la résoudre, il faut tout d'abord calculer le discriminant donné par $\Delta = b^2 - 4ac$
Soit dans notre cas, avec $a = 1$, $b = 2$ et $c = -288$: $\Delta = 2^2 - 4*(1)*(-288) = 4 + 1152 = 1156$.

Lorsque le discriminant Δ est :
Inférieur à 0, cela signifie que l'équation n'a pas de solution,
Egal à 0, cela signifie que l'équation a une seule solution qui est $x = -b / 2a$
Supérieur à 0, cela signifie que l'équation a deux solutions qui sont $x_1 = (-b-\sqrt{\Delta})/2a$ et $x_2 = (-b+\sqrt{\Delta})/2a$

Dans notre cas, le discriminant est de 1156 donc supérieur à 0. Il y a donc 2 solutions à l'équation :
$x_1 = (-2-\sqrt{1156})/2*1$ et $x_2 = (-2+\sqrt{1156})/2*1$
$x_1 = (-2-34)/2$ et $x_2 = (-2+34)/2$

134

$x_1 = -18$ et $x_2 = 16$

La solution négative (-18) ne peut pas convenir puisqu'il n'est pas possible d'acheter un nombre négatif de pomelos. Cela signifie donc que nous avions initialement acheté 16 pomelos.

En payant 12 EUR pour ces 16 pomelos, cela correspondait à un prix de 9 EUR la douzaine,

En payant à présent 12 EUR pour 18 pomelos, cela correspond à un prix de 8 EUR la douzaine soit un gain de 1 EUR sur le prix de la douzaine, comme indiqué dans l'énoncé.

Le puisatier.

Lors d'une de ses promenades, un homme tombe par hasard sur un puisatier en train de creuser un trou profond.

«Bonjour,» dit-il. « Quelle est la profondeur de ce trou ? »

« Devinez, » répondit l'ouvrier. « Ma taille est exactement de 1,778 mètres. »

«A quelle profondeur descendez-vous ? » demanda le passant.

«Je vais deux fois plus profondément, ma tête sera alors deux fois plus basse sous le niveau du sol qu'elle ne l'est maintenant au dessus du niveau du sol. »

Quelle sera la profondeur ce trou lorsqu'il sera achevé ?

SOLUTION

Appelons X la profondeur actuelle du trou.

A cet instant, la tête du puisatier est encore en dehors du trou.

La distance entre le niveau du sol et la tête du puisatier est $1{,}778 - X$.

Le puisatier indique qu'il descend encore deux fois plus profondément, cela signifie qu'il doit encore creuser $2X$; à la fin le trou aura par conséquent une profondeur de $X + 2X$ soit $3X$.

De plus sa tête sera deux fois plus basse sous le niveau du sol qu'elle n'est actuellement au dessus du niveau du sol ; sa tête sera donc à $2 * (1{,}778 - X) = 3{,}556 - 2X$ sous le niveau du sol.

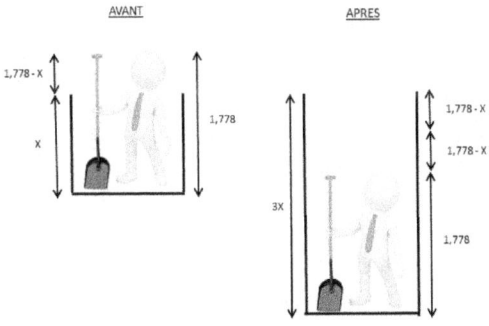

On en déduit donc l'équation : $3X = 1{,}778 + 3{,}556 - 2X$
D'où $5X = 5{,}334$
Donc $X = 1{,}0668$

On en déduit qu'actuellement le trou fait 1,06 mètre de profondeur et qu'une fois achevé il fera $3 * 1{,}0668 = 3{,}2$ mètres de profondeur.

18 dominos.

L'illustration montre dix-huit dominos disposés sous la forme d'un carré de sorte que la somme des points dans chacune des six colonnes, de six lignes, et des deux diagonales donne 13. C'est la plus petite somme possible avec n'importe quelle sélection de dominos d'une boîte ordinaire de vingt-huit pièces. La plus grande somme possible est 23 et une solution pour former un carré magique avec ce nombre est de substituer à chaque numéro de son complément à 6 : ainsi, substituer un vide par un 6, un 1 par un 5, un 2 par un 4, un 3 par un 3, un 4 par un 2, un 5 par un 1, et un 6 par un vide. Saurez-vous néanmoins sélectionner dix-huit dominos et les organiser (exactement de la forme représentée) sous la forme d'un carré magique dont la somme donne 18 ?

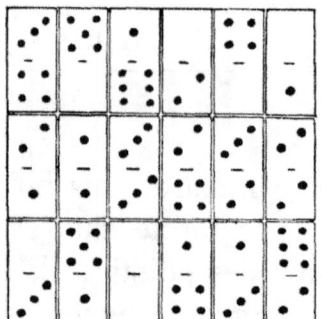

SOLUTION

La solution est la suivante :

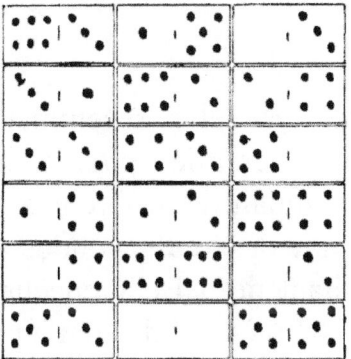

Ne pas mettre tous ses œufs dans le même panier.

Un homme est allé récemment dans la boutique d'un crémier pour y acheter des œufs. Il en voulait de différentes qualités. Le vendeur avait des œufs pondus du jour au prix exorbitant de 5 EUR chacun, des œufs frais à 1 EUR pièce et des œufs premier prix à 0,5 EUR pièce. Il a acheté des œufs de chaque qualité et a obtenu exactement 100 œufs pour 100 EUR.

Sachant également qu'il a acheté le même nombre d'œufs de deux des trois qualités, il est intéressant de déterminer combien d'œufs de chaque qualité il a acheté.

SOLUTION

Appelons X le nombre d'œufs à 5 EUR pièce.
Appelons Y le nombre d'œufs à 1 EUR pièce.
Appelons Z le nombre d'œufs à 0,5 EUR pièce.

Nous savons que la personne a acheté un total de 100 œufs, soit $X + Y + Z = 100$

X œufs à 5 EUR pièce coûtent 5X,
Y œufs à 1 EUR pièce coûtent Y,
Z œufs à 0,5 EUR pièce coûtent 0,5Z

L'ensemble de ces œufs coûte $5X + Y + 0,5Z = 100$ (EUR, d'après l'énoncé).

Nous avons ainsi 2 équations :
$X + Y + Z = 100$ (équation 1)
$5X + Y + 0,5Z = 100$ (équation 2)

Néanmoins, il y a 3 inconnues que sont X, Y et Z. Il manque donc une équation.

Cette dernière équation est donnée grâce à l'hypothèse qui indique que la personne a acheté une même quantité d'œufs de deux qualités différentes.

Cela signifie que soit $X = Y$, soit $X = Z$ ou soit $Y = Z$.

Nous allons étudier tous les cas possibles.

Cas 1 : on considère que $X = Y$
L'équation 1 devient : $X + X + Z = 100$ ou $2X + Z = 100$ ou $Z = 100 - 2X$

L'équation 2 devient : $5X + X + 0,5(100 - 2X) = 100$ ou $6X + 50 - X = 100$ ou $5X = 50$

On en déduit que $X = 10$ et $Y = 10$ et $Z = 100 - 2*10 = 80$

Cas 2 : on considère que $X = Z$

L'équation 1 devient : $X + Y + X = 100$ ou $2X + Y = 100$ ou $Y = 100 - 2X$

L'équation 2 devient : $5X + (100 - 2X) + X = 100$ ou $6X + 100 - 2X = 100$ ou $4X = 0$

On en déduit que $X = 0$ et $Y = 100 - 2*0 = 100$ et $Z = 0$

Cette solution n'est pas viable car cela signifie que la personne n'a acheté que des œufs à 1 EUR pièce ce qui ne correspond pas aux hypothèses de l'énoncé.

Cas 3 : on considère que $Y = Z$

L'équation 1 devient : $X + Y + Y = 100$ ou $X + 2Y = 100$ ou $X = 100 - 2Y$

L'équation 2 devient : $5(100 - 2Y) + Y + 0,5Y = 100$ ou $500 - 10Y + 1,5Y = 100$ ou $400 = 8,5Y$

On en déduit que $Y = 47,058 \ldots$ ce qui n'est pas possible car on ne peut qu'acheter un nombre entier d'œufs.

Ainsi seule l'hypothèse $X = Y$ est cohérente, et nous amène à la conclusion selon laquelle la personne a acheté 10 œufs à 5 EUR pièce, 10 œufs à 1 EUR pièce et 80 œufs à 0,5 EUR pièce, ce qui correspond bien à 100 œufs pour un total de 100 EUR.

Argent chinois.

Le tael était une ancienne monnaie chinoise composée de pièces en laiton de différentes épaisseurs, avec un rond, carré, triangulaire ou un trou dans le centre, comme dans notre exemple.

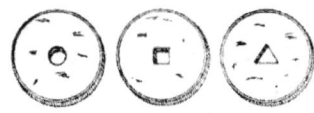

Ces pièces étaient enfilées sur des fils comme des boutons. En supposant que 11 pièces avec des trous ronds valent 15 Ching-Chang, que 11 pièces avec des trous carrés valent 16 Ching-Chang, et que 11 pièces avec des trous triangulaires valent 17 Ching-Chang, combien des pièces de chaque type un Chinois doit-il me donner contre 30 EUR, et cela sans utiliser un autre type de pièces que les trois mentionnés?

Un Ching-Chang vaut exactement 2 EUR et quatre quinzièmes d'un Ching-Chang.

SOLUTION

L'énoncé nous indique le taux de conversion du Ching-Chang, que nous noterons CC : 1 CC = 2 € + 4/15 CC
On peut également écrire cette égalité de la façon suivante : 15/15 CC = 2 € + 4/15 CC
Ou encore 11/15 CC = 2€

On en déduit que 30 € = 15 * 2 € = 15 * 11/15 CC = 11 CC

A présent, il nous faut déterminer comment composer 11 CC avec les pièces à centre rond, à centre carré et à centre triangulaire.

11 pièces à centre rond valent 15 CC, 1 pièce à centre rond vaut 15/11 CC
11 pièces à centre carré valent 16 CC, 1 pièce à centre carré vaut 16/11 CC
11 pièces à centre triangulaire valent 17 CC, 1 pièce à centre triangulaire vaut 17/11 CC

Soient R le nombre de pièces à centre rond, C le nombre de pièces à centre carré et T le nombre de pièces à centre triangulaire, on a

$15/11\ R + 16/11\ C + 17/11\ T = 11$
Ou encore $15R + 16C + 17T = 121$

R, C et T doivent être des nombres entiers.
Sous ces conditions, la seule solution possible est R = 7, C = 1 et T = 0.

Ainsi 2 € peuvent être échangés contre 7 pièces à centre rond et 1 pièce à centre carré.

Un curieux calendrier.

Quel jour de la semaine sommes-nous sachant que :

« Si après-demain était hier, aujourd'hui serait aussi proche de dimanche qu'aujourd'hui ne le serait si avant-hier était demain ».

SOLUTION

Nous sommes dimanche car :

« Si après-demain (mardi) était hier, aujourd'hui (mercredi) serait aussi proche de dimanche (2 jours), qu'aujourd'hui (*) ne le serait si avant-hier (vendredi) était demain.(* nous sommes donc jeudi) ».

Les jeunes commis.

Deux jeunes, nommés Durand et Martin, ont été employés comme commis par un marchand. Ils ont tous deux été engagés au même salaire, s'élevant à 12000 EUR par an, et payé semestriellement. Durand bénéficiait d'une augmentation annuelle de salaire de 2400 EUR, et Martin, à qui son employeur proposait les mêmes conditions, a préféré être augmenté de 600 EUR par semestre, ce que l'employeur accepta.

Durand épargna régulièrement une certaine proportion de son salaire ; de son côté Martin épargna le double de cette proportion du sien. Au bout de cinq ans, ils ont ainsi épargné à eux deux la somme de 64500 EUR.

Combien chacun a-t-il épargné ? Les intérêts d'épargne peuvent être ignorés.

SOLUTION

Dressons un tableau récapitulant la progression salariale des deux commis sur cinq années :

Période	Durand	Martin
Année 1 semestre 1	6000	6000
Année 1 Semestre 2	6000	6600
Année 2 Semestre 1	7200	7200
Année 2 Semestre 2	7200	7800
Année 3 Semestre 1	8400	8400
Année 3 Semestre 2	8400	9000
Année 4 Semestre 1	9600	9600
Année 4 Semestre 2	9600	10200
Année 5 Semestre 1	10800	10800
Année 5 Semestre 2	10800	11400
Bilan sur 5 ans	84000	87000

Durand est augmenté de 2400 EUR par an payés chaque semestre. Cela revient chaque année à augmenter la paie de chaque semestre de 1200 EUR par rapport à la paie perçue les semestres de l'année précédente.

Martin bénéficie quant à lui d'une augmentation de 600 EUR par semestre.

Même si cela apparaît surprenant de prime abord, on s'aperçoit, qu'au bout de 5 années, Martin a davantage gagné que Durand.

Appelons X la proportion épargnée par Durand,
Alors, d'après l'énoncé, la proportion épargnée par Martin est 2X

Et on a $84000X + 87000 * 2X = 64500$

Ou encore $84000X + 174000X = 64500$
Ou encore $258000X = 64500$
Soit $X = 64500 / 258000 = 0,25$

Cela signifie que Durand a épargné 25% de son salaire
soit $0,25 * 84000 = 21000$ EUR,
Et Martin a épargné 50% de son salaire soit $0,5 * 87000$
$= 43500$ EUR.

Dissection d'un cercle.

De combien de traits aurez-vous besoin pour reproduire l'illustration ci-dessous sans lever votre crayon de la feuille ? Tout changement de direction de votre crayon est considéré comme un nouveau trait. A noter que vous pouvez repasser plusieurs fois sur le même trait.

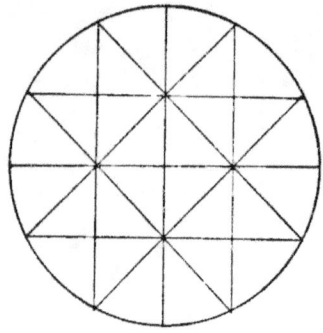

SOLUTION

Cette illustration peut être reproduite en 12 traits : en partant du point A, 8 traits peuvent être utilisés pour tracer l'étoile et revenir au point A. Puis un trait permet de tracer une grande partie du cercle entre A et B. Un trait pour relier B à C, un trait pour relier C à D et un trait pour relier D à E permettent d'achever la figure en 12 traits.

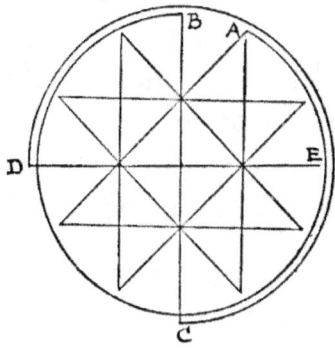

Rendu de monnaie.

Un homme est entré dans une boutique et a acheté des produits pour 34 PI (monnaie fictive). Pour seule monnaie, il avait un billet de 100 PI, une pièce de 3 PI et une pièce de 2 PI. Le commerçant avait seulement un billet de 50 PI et un billet de 25 PI. Mais un autre client était présent et possédait quant à lui deux billets de 10 PI, un billet de 5 PI, une pièce de 2 PI et une pièce de 1 PI.

Comment le commerçant a-t-il réussi à rendre la monnaie ?

SOLUTION

Commençons par observer, en fonction de l'argent donné par l'acheteur, quel sera le rendu de la monnaie.

Avec l'argent qu'il possède au départ:
Si l'acheteur paye 100 PI, le commerçant devra lui rendre 66 PI
Si l'acheteur paye 102 PI (100 + 2), le commerçant devra lui rendre 68 PI
Si l'acheteur paye 103 PI (100 + 3), le commerçant devra lui rendre 69 PI
Si l'acheteur paye 105 PI (100 + 2 + 3), le commerçant devra lui rendre 71 PI

Etant donné l'argent que le commerçant a en sa possession, il lui serait plus aisé de rendre 70 PI. Pour cela, l'acheteur doit payer 104 PI ce qui est possible s'il échange sa pièce de 3 PI contre la pièce de 2 PI et la pièce de 1 PI du second client. Il donnera alors au commerçant un billet de 100 PI et deux pièces de 2 PI.

Le commerçant doit alors rendre 70 PI et cela ne lui sera possible que s'il échange son billet de 25 PI contre les deux billets de 10 PI et le billet de 5 PI du second acheteur. Il rendra alors la monnaie sous la forme d'un billet de 50 PI et de deux billets de 10 PI.

Les 8 étoiles.

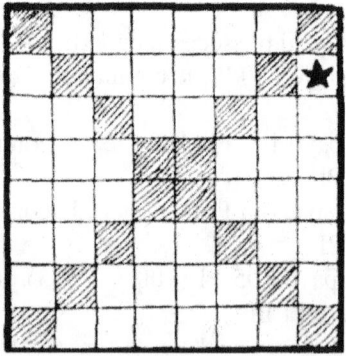

L'énigme consiste à placer huit étoiles dans la grille de telle façon qu'il n'y ait jamais deux étoiles sur la même ligne, dans la même colonne et sur la même diagonale. Une étoile est déjà placée dans la grille et elle ne peut pas être déplacée, il ne reste donc plus que sept étoiles à placer. Enfin, aucune étoile ne peut être placée sur les cases grisées.

SOLUTION

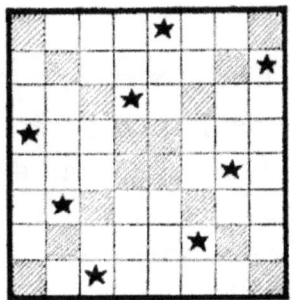

Marquage sur un dé.

De combien de façons différentes peut-on placer les numéros sur un dé à la seule condition que les nombres 1 et 6, 2 et 5, et 3 et 4 soient sur des côtés opposés ?

SOLUTION

Un dé comportant 6 faces, il y a 6 façons de choisir la position du chiffre 1. La position du 1 impose la position du 6.
Dès lors, il ne reste que 4 possibilités pour placer le 2. La position du 2 impose la position du 5.
Dès lors il ne reste que 2 possibilités pour placer le 3. Le 4 étant placé sur la face restante.

Au final, le nombre total de possibilités est 6 x 4 x 2 soit 48 combinaisons possibles.

Les fûts de miel.

Un marchand avait trois fils qu'il s'attachait à traiter équitablement. Un jour, cet homme tomba malade et mourut, léguant tous ses biens à ses trois fils, à parts égales.

La seule difficulté qui se posait résidait dans le partage du stock de miel. Il y en avait exactement vingt et un fûts. Le vieil homme avait laissé ses instructions : non seulement tous ses fils doivent recevoir une quantité égale de miel, mais ils doivent aussi recevoir le même nombre de fûts. De plus le miel ne doit pas être transvasé d'un fût à un autre. Sept de ces fûts sont pleins de miel, sept sont à moitié plein et sept sont vides. Sachant que chaque frère s'oppose à prendre plus de quatre fûts identiques (rempli, à moitié plein, ou vide), pouvez-vous déterminer comment ils ont réussi à faire ce partage ?

SOLUTION

Appelons X la quantité de miel contenue dans un fût à moitié plein.

Il y a 7 fûts à moitié pleins ce qui représente une quantité de miel de 7X,
Il y a 7 fûts remplis, c'est à dire contenant 2X de miel, ce qui représente une quantité de miel de 14X,
Il y a 7 fûts vides ce qui représente bien évidemment une quantité de miel de 0

La quantité totale de miel à partager est 7X + 14X = 21X. Cela représente une part de 7X par personne.

Cette répartition peut se faire de la façon suivante :

Enfant A	Enfant B	Enfant C
2X	2X	2X
2X	2X	2X
2X	X	X
X	X	X
0	X	X
0	0	0
0	0	0

Chacun reçoit bien 7 fûts et une quantité de miel de 7X. De plus aucun ne reçoit plus de 3 fûts du même type.

Des pièces de monnaie abimées.

Un homme avait trois pièces : 2 euros, 50 cents d'euros, et 2 cents d'euros et il a constaté que la même fraction de chaque pièce avait été abimée.

Quelle proportion de chaque pièce a été abimée sachant que la valeur des trois fragments restants est exactement de 2,40 euros ?

SOLUTION

Commençons par constater que 1 EUR = 100 cents d'euros.

Ainsi 2 EUR = 200 cents d'euros.

Cela signifie que l'homme possède 200 + 50 + 2 = 252 cents d'euros.

Les pièces abimées ne représentent plus qu'une somme de 2,40 EUR soit 240 cents d'euros.

Les pièces ont donc perdu 252 – 240 = 12 cents d'euros de leur valeur initiale qui était de 252 cents d'euros.

Chaque pièce a donc perdu 12/252 de sa valeur ou encore 1/21 de sa valeur.

La course automobile.

Lors d'une course automobile tandis que plusieurs voitures tournaient autour de la piste circulaire, un spectateur dit à un autre :

« Le champion du monde conduit la voiture blanche ! »

« Oui, je vois, » répondit l'autre, « Mais combien de voitures participent à cette course ? »

Puis vint cette curieuse réplique :

« Vous aurez la réponse en ajoutant un tiers des voitures qui sont devant le champion du monde aux trois quarts de celles qui sont derrière lui. »

Pouvez-vous à présent dire combien de voitures participent à la course ?

SOLUTION

Appelons X le nombre de voitures participant à la course.

L'astuce consiste à remarquer que sur un circuit circulaire, toutes les voitures qui sont devant vous sont également derrière vous …

Il y a donc (X-1) voitures devant la vôtre, et (X-1) voitures derrière la vôtre.

On en déduit l'équation suivante : $X = 1/3 \ (X-1) + 3/4 \ (X-1)$

Cette équation peut aussi s'écrire : $12X = 4X - 4 + 9X - 9$

Soit $X = 13$

On en déduit que 13 voitures participent à cette course.

Un vol au château.

Un coffre contenant un trésor constitué de bijoux et de pierres précieuses a été volé dans un château. L'équipe des voleurs se composait d'un homme, d'un adolescent et d'un enfant. Le coffre a pu être dérobé en passant par une fenêtre à proximité de laquelle se trouvaient une poulie et une corde, à chaque extrémité de laquelle était attaché avec un panier. Lorsqu'un panier était au sol, l'autre panier était à hauteur de la fenêtre. La seule façon de déplacer les paniers consistait à mettre un poids plus important dans l'un ou l'autre des paniers. L'homme pesait 92 kg, l'adolescent pesait 53 kg et l'enfant pesait 45 kg. Le coffre pesait quant à lui 37 kg. Le poids placé dans le panier en descente, si celui-ci contenait un individu, ne pouvait pas excéder de 8 kg le poids placé dans le panier en montée au risque de blesser les voleurs. A noter que seules deux personnes ou une personne et le coffre pouvaient prendre place en même temps dans un panier. Comment sont-ils parvenus à s'échapper en dérobant le coffre au trésor ?

SOLUTION

Voici comment le trésor a pu être dérobé en 11 étapes :

Montée	Descente
	Trésor (37 kg)
Trésor (37 kg)	Enfant (45 kg)
Enfant (45 kg)	Adolescent (53 kg)
	Trésor (37 kg)
Adolescent + Trésor (90 kg)	Homme (92 kg)
	Trésor (37 kg)
Trésor (37 kg)	Enfant (45 kg)
	Trésor (37 kg)
Enfant (45 kg)	Adolescent (53 kg)
Trésor (37 kg)	Enfant (45 kg)
	Trésor (37 kg)

Deux questions de probabilités.

1. Un ami a récemment sorti cinq pièces de 1 centime et me dit: «En lançant ces cinq pièces en même temps, quelles sont les chances qu'au moins quatre de ces pièces de monnaie se retrouvent soit toutes sur pile, soit toutes sur face ? »

2. Un homme a placé 3 pièces de 20 PI (monnaie fictive) et 1 pièce de 1 PI dans un sac. Quelle devrait être la mise d'un joueur souhaitant tirer une pièce de ce sac ? Il est entendu que chacune des quatre pièces a la même probabilité d'être tirée.

SOLUTION

1. Cinq pièces de 1 centime.

Observons le nombre de combinaisons existantes lorsqu'on lance 5 pièces :
Chaque pièce peut tomber soit sur pile soit sur face, ce qui fait 2 possibilités par pièce.
On a donc 2 * 2 * 2 * 2 * 2 = 32 combinaisons possibles en lançant 5 pièces qui sont :

a/ 5 pièces sur pile : 1 seule façon de faire,
b/ 5 pièces sur face : 1 seule façon de faire,
c/ 4 pièces sur pile et 1 pièce sur face : 5 façons de faire,
d/ 1 pièce sur pile et 4 pièces sur face : 5 façons de faire,
e/ 3 pièces sur pile et 2 pièces sur face : 10 façons de faire,
f/ 2 pièces sur pile et 3 pièces sur face : 10 façons de faire.

Seuls les cas a, b, c et d correspondent à « au moins quatre pièces se retrouvent soit sur pile, soit sur face ». Ces quatre cas représentent 12 façons de faire sur 32 soit 12 chances sur 32 ou encore 3 chances sur 8.

2. Tirage au sort.

Il y a quatre pièces dans le sac : 3 pièces de 20 PI et 1 pièce de 1 PI.

Ainsi lors d'un tirage, un joueur a 3 chances sur 4 de tirer une pièce de 20 PI et 1 chance sur 4 de tirer une pièce de 1 PI.

En moyenne, l'organisateur du jeu doit payer ¾ * 20 + ¼ * 1 = 15,25 PI à chaque tirage.

De façon à ne pas perdre d'argent, la mise de chaque joueur doit donc être de 15,25 PI.

Lorsqu'un joueur tire l'une des trois pièces de 20 PI, l'organisateur perd 4,75 PI néanmoins lorsqu'un joueur tire la pièce de 1 PI, l'organisateur gagne 14,25 PI.

Revenus d'un ménage.

Après deux ans de mariage, un mari explique à son épouse qu'ils ont dépensé un tiers de son revenu annuel en loyers, taxes et impôts, la moitié en dépenses domestiques, et un neuvième en dépenses diverses. Il lui reste 1900 EUR à la banque.

Saurez-vous déterminer le revenu annuel du mari ?

SOLUTION

Appelons X le revenu annuel du mari.

En deux ans, le mari a gagné 2X.

Le ménage a dépensé 1/3 du revenu annuel en loyers, taxes et impôts soit une somme de 1X/3,
Le ménage a dépensé la moitié du revenu annuel en dépenses domestiques soit une somme de 1X/2,
Le ménage a dépensé 1/9 du revenu annuel en dépenses diverses soit une somme de 1X/9.
Les dépenses représentent donc 1X/3 + 1X/2 + 1X/9,

Dans « Allergic'o Maths, volume 1 » nous avons appris à sommer des fractions en les mettant au même dénominateur. En appliquant cette méthode, on a 1X/3 + 1X/2 + 1X/9 = 12X/36 + 18X/36 + 4X/36 ou encore 34X/36.

En retranchant aux gains (2X) les dépenses (34X/36), il reste 1900 EUR à la banque, on en déduit l'équation :
2X – 34X/36 = 1900

Cette équation peut aussi s'écrire 72X – 34X = 68400
Ou 38X = 68400
Ou X = 68400/38 = 1800

On en déduit que le revenu annuel du mari est de 1800 EUR.

La tablette de chocolat.

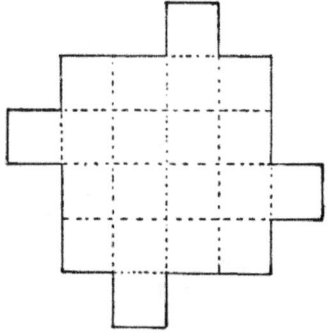

Voici une tablette de chocolat composée de 20 carrés de chocolat. Essayez de couper cette tablette en neuf morceaux qui vous permettront ensuite de former quatre carrés strictement identiques.

SOLUTION

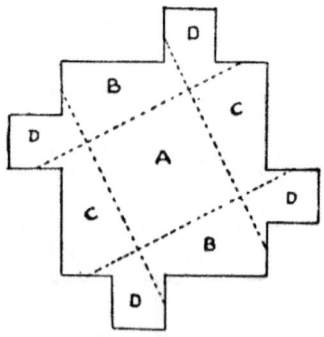

Le carré A est déjà constitué. Les deux pièces marquées de la lettre B permettent de réaliser un second carré. Les deux pièces marquées de la lettre C permettent de former un troisième carré. Enfin les quatre pièces marquées de la lettre D permettent de constituer le dernier carré.

L'épicier et le mercier.

Un épicier et un marchand de tissus avaient deux assistants, chacun se targuant de leur rapidité à servir les clients. Le jeune épicier pouvait peser jusqu'à deux paquets d'un kilo de sucre par minute, tandis que le jeune mercier pouvait couper trois longueurs d'un mètre de tissu dans le même temps. Un jour, leurs employeurs les mirent en concurrence en donnant à l'épicier un baril de sucre et en lui demandant de peser 48 paquets d'un kilo de sucre ; et en donnant au mercier un rouleau de 48 mètres de tissu à partager. Pendant cette épreuve, les deux hommes ont été interrompus par des clients pendant neuf minutes, mais le mercier a été perturbé dix-sept fois plus longtemps que l'épicier.

Quel fut le résultat de la compétition ?

SOLUTION

L'épicier doit peser 48 paquets de sucre sachant qu'il met 1 minute pour peser 2 paquets.

Il a donc besoin de 48/2 = 24 minutes pour peser 48 paquets de sucre.

De son côté, le mercier doit couper 48 mètres de tissu sachant qu'il met 1 minute pour couper 3 mètres de tissu. Néanmoins il n'a que 47 coupes à effectuer (la 47ème coupe séparera les 2 derniers mètres de tissu).

Il a donc besoin de 47/3 = 15,66 minutes pour couper 48 morceaux de 1 mètre de tissu chacun.

Dans « Allergic'o Maths, volume 2 » nous avons appris à manipuler les durées. En utilisant les méthodes abordées, on en déduit que :

15,66 minutes correspondent à 15 minutes et 40 secondes.

Par ailleurs, les deux assistants ont été dérangés pendant 9 minutes sachant que le mercier a été dérangé 17 fois plus que l'épicier.

Appelons X la durée pendant laquelle l'épicier a été dérangé. On en déduit que le mercier a alors été dérangé pendant 17X.

Et X + 17X = 9 (minutes) donc 18X = 9 donc X = 9/18 = 0,5 (minute)

On en déduit que l'épicier a été dérangé durant 0,5 minute (soit 30 secondes) et que le mercier a été dérangé durant 17 * 0,5 = 8,5 minutes (soit 8 minutes et 30 secondes).

L'épicier a donc mis 24 minutes et 30 secondes pour réaliser sa tâche,

Le mercier a donc mis 24 minutes et 10 secondes pour réaliser sa tâche.

C'est donc le mercier qui a fini l'épreuve le premier.

Les douze planètes.

Sur l'illustration ci-dessous, douze planètes sont disposées de manière à former six lignes droites avec quatre planètes sur chaque rangée. L'énigme consiste ici à déplacer quatre de ces planètes de façon à faire apparaître sept lignes droites avec quatre planètes sur chaque ligne. Quelles planètes allez-vous déplacer et comment ?

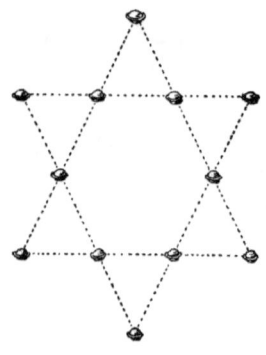

SOLUTION

Sur l'illustration ci-dessous, les planètes noires correspondent au nouvel emplacement des quatre planètes qui ont été déplacées. Ces planètes déplacées sont celles par lesquelles ne passe aucune ligne droite.

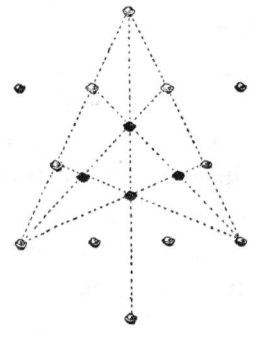

Les douze jetons.

Disposez 12 jetons en cercle, comme représenté sur l'illustration ci-dessous. A présent, prendre un jeton à la fois, le passer par dessus deux jetons, puis le déposer par dessus le troisième jeton. Faire de même avec un autre jeton et ainsi de suite, jusqu'à ce que, en 6 coups identiques, les 12 pièces soient réunies par paires sur les emplacements 1, 2, 3, 4, 5 et 6. Lors de chaque mouvement, les jetons peuvent être déplacés autour du cercle dans l'une ou l'autre des directions. Par ailleurs, les deux jetons survolés peuvent être sur deux emplacements adjacents ou être réunis en paire sur un même emplacement.

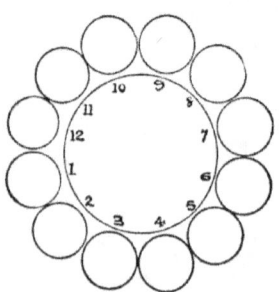

SOLUTION

L'une des nombreuses solutions est : déplacer 12 sur 3 ;
7 sur 4 ; 10 sur 6 ; 8 sur 1 ; 9 sur 5 et 11 sur 2.

Les six enclos.

Voici un petit casse-tête avec des allumettes. Sur l'illustration ci-dessus, treize allumettes représentent les clôtures que possède un agriculteur pour créer des enclos. Les clôtures ont été placées de manière à former six enclos de même taille. Un jour l'une des clôtures fut volée mais l'agriculteur souhaitait tout de même pouvoir créer six enclos de même taille avec les clôtures restantes.

Comment faire sachant que toutes les clôtures doivent être utilisées et qu'aucune clôture ne peut être doublée ?

SOLUTION

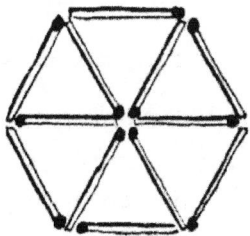

Les 12 clôtures restantes peuvent être disposées de la façon suivante afin de créer 6 enclos de même taille.

Les bottes de foin.

Un agriculteur possédait cinq bottes de foin qu'il demanda à son employé de peser avant de les livrer à un client. Malheureusement l'employé les pesa deux par deux de toutes les manières possibles et informa son patron que les poids relevés en kilogrammes étaient 110, 112, 113, 114, 115, 116, 117, 118, 120, 121.

Pouvez-vous déterminer combien pèse exactement chacune des cinq bottes de foin ?

SOLUTION

Appelons A, B, C, D et E les cinq bottes de foin par poids croissant.

L'employé a pesé les bottes par groupes de deux et de toutes les façons possibles. Ainsi chaque botte participera à 4 pesées : par exemple pour la botte A, les pesées seront (A,B) (A,C) (A,D) et (A,E).

Ainsi en additionnant les 10 pesées et en divisant le résultat obtenu par 4 (nombre de groupes contenant la même botte), on a 1156 / 4 = 289 kg qui correspondent au poids de l'ensemble des 5 bottes de foin d'où A + B + C + D + E = 289

La pesée la plus légère soit 110 kg correspond à la pesée (A,B) soit A + B = 110

La pesée suivante soit 112 kg correspond à la pesée (A,C) soit A + C = 112

La pesée la plus lourde soit 121 kg correspond à la pesée (D,E) soit D + E = 121

La pesée précédente soit 120 kg correspond à la pesée (C,E) soit C + E = 120

En additionnant ces 4 équations, on a A + B + A + C + D + E + C + E = 110 + 112 + 121 + 120

Soit (A + B + C + D + E) + (A + C) + E = 463

Dans cette équation on peut remplacer A + B + C + D + E par 289 et A + C par 112 ce qui donne :

289 + 112 + E = 463

D'où E = 62

On en déduit :

C = 120 − E = 120 − 62 = 58

185

D = 121 − E = 121 − 62 = 59
A = 112 − C = 112 − 58 = 54
B = 110 − A = 110 − 54 = 56

Ainsi les cinq bottes pèsent 54, 56, 58, 59 et 62 kg.

La croix se transforme en carré.

Réaliser une croix grecque en papier et la plier de telle façon que les quatre pièces obtenues avec une seule coupe de ciseaux forment un carré.

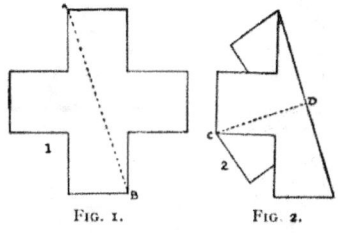

FIG. 1.   FIG. 2.

SOLUTION

Réaliser dans un premier temps le pliage représenté sur la figure 1 le long de la ligne AB. On obtient alors la figure 2, sur laquelle on réalise un second pliage le long de la ligne CD (notons que D est le centre de la croix initiale).

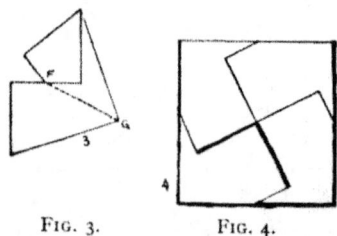

FIG. 3.   FIG. 4.

On obtient alors la forme de la figure 3. D'un coup de ciseaux, réaliser la découpe le long de la ligne GF. Les quatre pièces obtenues, de même forme et de même taille, s'assemble pour former le carré représenté sur la figure 4.

Le carré magique chinois.

Pour résoudre ce carré magique chinois de 25 cases, vous devez placer les chiffres de 1 à 25 dans chaque case de telle sorte que la somme des nombres de chaque colonne, de chaque ligne et de chacune des deux diagonales donne 65. Les cases grisées ne pourront être remplies qu'avec des nombres premiers (au choix parmi les nombres premiers disponibles qui sont 1, 2, 3, 5, 7, 11, 13, 17, 19, et 23).

Parviendrez-vous à construire ce petit carré magique ?

SOLUTION

Parmi les différentes solutions possibles, en voici une :

19	23	11	5	7
1	10	17	24	13
22	14	3	6	20
8	16	25	12	4
15	2	9	18	21

A noter que seuls les nombres 2 et 3 peuvent être laissés de côté dans le choix des nombres premiers.

Le marchand de bestiaux.

Un marchand de bestiaux avait cinq troupeaux d'animaux, composés de bœufs, de porcs et de moutons. Chaque troupeau comportait le même nombre d'animaux. Un matin, il a vendu toutes ses bêtes à huit négociants. Chaque négociant a acheté le même nombre d'animaux, à hauteur de dix-sept dollars pour chaque bœuf, quatre dollars pour chaque porc, et deux dollars pour chaque mouton. Le marchand a reçu trois cent un dollars.

Quel est le plus grand nombre d'animaux qu'il aurait pu avoir et combien en avait-il de chaque sorte ?

SOLUTION

L'ensemble des animaux a pu être réparti en parts égales au sein des 5 troupeaux, cela signifie que le nombre d'animaux est divisible par 5.

L'ensemble des animaux a pu être vendu en parts égales à 8 négociants, cela signifie que le nombre d'animaux est divisible par 8.

Ainsi le nombre total d'animaux est un multiple de 8 et de 5 donc de 40.

Appelons X le nombre total d'animaux.

Appelons B le nombre de bœufs, P le nombre de porcs et M le nombre de moutons.

Etant donnés les prix de vente, $17B + 4P + 2M = 301$

Par ailleurs, $B + P + M = X$ ou encore $M = X - B - P$

En remplaçant dans la première équation, on a $17B + 4P + 2(X - B - P) = 301$

Donc $17B + 4P + 2X - 2B - 2P = 301$

Ou encore $15B + 2P = 301 - 2X$

B et P représentant un nombre d'animaux, B et P ne peuvent être que des nombres entiers et positifs. Par conséquent $301 - 2X$ doit être positif ce qui s'écrit $301 - 2X > 0$ ou $2X < 301$ ou $X < 150$.

On sait à présent que le nombre total d'animaux X doit être inférieur à 150 et doit être un multiple de 40. Cela signifie que X peut prendre les valeurs suivantes : 40, 80 ou 120.

Ainsi le plus grand nombre d'animaux que peut posséder le marchand est 120.

En remplaçant X par 120, notre équation devient : 15B + 2P = 301 − 2 * 120 = 301 − 240

Soit 15B + 2P = 61

Dressons un tableau des possibilités :

Nombre de bœufs B	Nombre de porcs P = (61 − 15B) / 2	Nombre de moutons M = 120 − B − P
4	0,5	115,5
3	8	109
2	15,5	102,5
1	23	96

Les lignes 1 et 3 du tableau ne sont pas satisfaisantes car le nombre d'animaux doit être un nombre entier.

La ligne 4 n'est pas satisfaisante car il n'y a qu'un bœuf or chaque troupeau contient plusieurs bœufs, plusieurs porcs et plusieurs moutons.

La seule solution est donc celle figurant sur la ligne 2.

Ainsi le marchand possédait 120 bêtes réparties en 3 bœufs, 8 porcs et 109 moutons.

L'âge d'une fratrie.

Les parents de 5 enfants reçoivent la visite d'un oncle qu'ils n'avaient pas vu depuis de nombreuses années. L'oncle fut ravi de revoir les enfants mais ceux-ci avaient bien grandi. Il vit d'abord Gabriel et Marie et nota que Marie était deux fois plus âgée que Gabriel. Ensuite, Jean-Baptiste est arrivé et il a été souligné que les âges combinés de lui-même et de Gabriel égalaient deux fois l'âge de Marie. Puis Sophie est arrivée en courant et quelqu'un a fait remarquer qu'à présent les âges combinés des deux filles représentaient exactement deux fois les âges combinés des deux garçons. L'oncle exprimait son étonnement de ces coïncidences quand Pierre est venu. « Ah! Tonton, » dit-il, « vous arrivez juste le jour de mon 21ème anniversaire! » Sur ce fait on s'aperçut qu'à présent les âges combinés des trois garçons représentaient exactement le double des âges combinés des deux filles.

Pouvez-vous donner l'âge de chaque enfant ?

SOLUTION

Appelons M l'âge de Marie, G l'âge de Gabriel, S l'âge de Sophie, J l'âge de Jean-Baptiste et P l'âge de Pierre.

De l'information « Marie était deux fois plus âgée que Gabriel » on tire l'équation 1 : $M = 2G$,

De l'information « Les âges combinés de Jean-Baptiste et de Gabriel égalaient deux fois l'âge de Marie » on tire l'équation 2 : $G + J = 2M$,

De l'information « Les âges combinés des deux filles représentaient exactement deux fois les âges combinés des deux garçons » on tire l'équation 3 : $M + S = 2(G + J)$,

De l'information « vous arrivez juste le jour de mon 21ème anniversaire! » on tire l'équation 4 : $P = 21$,

De l'information « les âges combinés des trois garçons représentaient exactement le double des âges combinés des deux filles » on tire l'équation 5 : $G + J + P = 2(M + S)$.

On a donc 5 équations :
Equation 1 : $M = 2G$
Equation 2 : $G + J = 2M$
Equation 3 : $M + S = 2(G + J)$
Equation 4 : $P = 21$
Equation 5 : $G + J + P = 2(M + S)$

En utilisant l'équation 1 dans l'équation 2 on a :
$G + J = 2M$ ou $G + J = 2 * 2G$ ou $G + J = 4G$ ou $J = 3G$ (équation 6)

En utilisant les équations 3 et 4 dans l'équation 5 on a :
$G + J + 21 = 2 * 2(G + J)$ ou $G + J + 21 = 4G + 4J$ ou $21 = 3G + 3J$ ou $7 = G + J$

Avec l'équation 6 ($J = 3G$) on a alors $7 = G + 3G$ ou $7 = 4G$ donc $G = 7/4$,

Avec ce résultat, on obtient de l'équation 6 : $J = 21/4$ et de l'équation 1 : $M = 14/4$

De l'équation 3 on tire $S = 2G + 2J - M$ soit $S = 14/4 + 42/4 - 14/4 = 42/4$

On a donc $P = 21$
$G = 7/4 = 1,75$ donc Gabriel a 1 an et 9 mois
$J = 21/4 = 5,25$ donc Jean-Baptiste a 5 ans et 3 mois
$M = 14/4 = 3,5$ donc Marie a 3 ans et 6 mois
$S = 42/4 = 10,5$ donc Sophie a 10 ans et 6 mois
$P = 21$ donc Pierre a 21 ans.